胡萝卜病虫草害鉴别及防治

赵晓军　主编

中国农业出版社

主　　编：赵晓军（山西省农业科学院植物保护研究所）

副 主 编：封云涛（山西省农业科学院植物保护研究所）

　　　　　周建波（山西省农业科学院植物保护研究所）

　　　　　殷　辉（山西省农业科学院植物保护研究所）

参编人员：郭贵明（山西省农业科学院植物保护研究所）

　　　　　庾　琴（山西省农业科学院植物保护研究所）

　　　　　牛国飞（山西省农业科学院植物保护研究所）

　　　　　郭晓君（山西省农业科学院植物保护研究所）

　　　　　姚　众（山西农业大学）

　　　　　李光玉（山西省农业科学院植物保护研究所）

　　　　　秦　楠（山西省农业科学院植物保护研究所）

前　言

胡萝卜（*Daucus carota* L.）又称红萝卜或甘荀，属伞形科胡萝卜属，为二年生草本植物，以肉质根作为蔬菜食用。胡萝卜素有"小人参"之称，是一种极佳的天然保健食品，富含糖类、脂肪、挥发油、胡萝卜素、维生素A、维生素 B_1、维生素 B_2、花青素以及钙、铁等营养成分，有强健脾胃、补肝明目、清热解毒、壮阳补肾、透疹、止咳、润肠通便、增进食欲、刺激皮肤新陈代谢、增进血液循环等功效。随着生活水平的提高，人们对养生的重视程度也逐步提高，加之对胡萝卜养生价值的认知度增加，促进了我国胡萝卜种植业和加工业的蓬勃发展。

胡萝卜原产于地中海沿岸，13世纪由伊朗传入中国。据联合国粮食及农业组织（FAO）统计，2013年全世界胡萝卜种植面积为119.95万公顷，亚洲以71.71万公顷居首位。中国2013年胡萝卜栽培面积为47.72万公顷，约占全世界胡萝卜栽培面积的33.95%，产量约占全世界的1/3，为世界第一大胡萝卜生产国和出口国。相对于其他蔬菜而言，胡萝卜属于种植粗放且经济效益较差的蔬菜种类，因此对其病虫草害防治常为人们所忽视。随着胡萝卜在国内栽培面积的不断增加和规模化、精细化栽培逐渐成形，由重茬等因素导致的胡萝卜多种病虫草害在全国各地时有发生，一些常发性病虫草害已严重影响我国胡萝卜产业的健康发展。

本书分胡萝卜病害、虫害和草害三个部分。其中，胡萝卜病害24种，包括真菌病害10种、细菌病害2种、病毒病害1种、线虫1种、生理性病害10种，涵盖了胡萝卜整个生长期和贮藏期病害；胡萝卜虫害12种，包括鳞翅目4种、鞘翅目3种、直翅目1种、双翅目1种、半翅目2种、膜翅目1种；胡萝卜田杂草14种，其中禾本科4种、菊科4种、旋花科1种、锦葵科1种、蒺藜科1种、苋科1种、藜科1种、蓼科1种。本书提供了胡萝卜病害田间症状及病虫草等有害生物的形态等相关图片，以期对胡萝卜产业相关从业人员田间诊断提供帮助。同时，本书提供的农药施用量为药剂常用剂量，会因作物生长时期、环境因素和有害生物抗药性等因素产生一定的变化，实际使用时应因地制宜科学使用。

本书在编写过程中得到了中国农业科学院蔬菜花卉研究所庄飞云、欧承刚，厦门市农业技术推广中心孙传芝，厦门市植保植检站李宗宝，安徽省宿州市农业科学院张安文，山西省农业科学院植物保护研究所范仁俊、张润祥、董晋明、陆俊娇，山西省朔州市应县农业委员会郭乐栓等的大力协助，在此一并致谢。由于编者的研究工作和生产实践经验有限，书中存在许多不足之处，望读者给予批评指正，以便修正和完善。

赵晓军

2015年10月

目　录

一、胡萝卜病害

胡萝卜黑腐病

胡萝卜黑腐病是胡萝卜的主要病害之一。该病害属高温高湿病害，在我国华北地区一般7月中旬开始出现病斑，8月中下旬进入发病高峰期，一直延续到收获期（9月中旬）；在南方地区属偶发病害。

【症状】胡萝卜的叶片、叶柄、花、种子、根和留种苗均可感病，主要危害叶片、叶柄。苗期侵染可导致未出土的胡萝卜幼苗枯死或幼苗猝倒。成株老叶易感病，首先在叶柄上形成黑斑，后扩展到叶梢，导致整个叶片枯死。叶柄上病斑呈长条形、梭形，病斑边缘不明显。湿度大时表面密生黑色霉层，即分生孢子梗和分生孢子。发病严重的情况下扩展到胡萝卜冠部，形成一个黑色腐烂环（即黑冠）。贮藏期胡萝卜被侵染，产生干燥的黑色内陷病灶，在温暖潮湿的条件下，病原菌在胡萝卜间迅速蔓延。

黑　冠

叶梢感病

叶柄感病

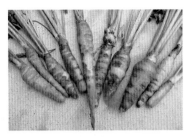

肉质根感病

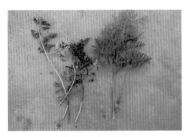

健叶与病叶对比

【病原】*Alternaria radicina* Meier，Drechsler & E. D. Eddy 称胡萝卜黑腐交链孢，又称根链格孢，属真菌界，子囊菌门，链格孢属。菌丝初无色，后变为褐色，分隔处缢缩，菌丝可断裂成菌丝段。有子座或无子座，子座由近圆形褐色细胞组成。分生孢子梗单生，直立或弯曲，褐色，具隔2～5个，大小为（25～92.5）微米×（5～12.5）微米，分生孢子脱落后有明显痕迹。分生孢子单生或串生，椭圆形或倒棍棒形，褐色，光滑，无喙，（30～50）微米×（10～20）微米，横隔1～7个，纵、斜隔0～3个。

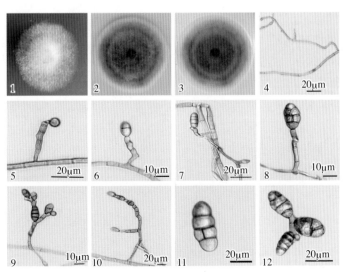

病原菌显微形态
1～3.病原菌菌落形态　4.菌丝形态　5～10.分生孢子着生结构　11～12.分生孢子形态

【寄主范围】已知寄主包括胡萝卜、芹菜、欧芹、欧洲防风、小茴香。

【发病规律】病原菌主要在病残体上越冬，以带菌种子和病残体作为初侵染源，通过病土和病根的转移、流水、雨水及气流传播。被侵染的留种植物的移动会将病原菌引入留种苗中。病原菌在腐殖质上存活最少8年，在土壤表面的胡萝卜残体上存活时间较深埋的胡萝卜残体上时间更长。病原菌忍受的温度范围为0～36℃，最适温度为28℃，相对湿度小于92%有利于根腐快速发展。温暖多雨天气容易发病。病害先发生于叶柄，后侵染叶梢，严重时会侵染肉质根；当叶部出现病斑后，若不加以防治，病害蔓延会使胡萝卜肉根冠部产生"黑冠"。

【防治方法】

1. 农业防治

（1）种植优质抗病品种，如红映2号、红都、微型8号等。

（2）浸种处理，用50℃热水或1%次氯酸钠溶液浸泡种子30分钟可以根除萌发种子上所带的病原菌（*A. radicina*）。

（3）与胡萝卜以外的作物轮作8年以上，避免与茴香、欧芹、欧洲防风和芹菜连作或邻作。

（4）深翻土壤，将病残体深翻到土壤中以减缓病害的发展和孢子的扩散。

（5）选择上午灌溉，使胡萝卜田晚上干燥；贮存前剔除被侵染的胡萝卜。在0℃和相对湿度小于92%条件下贮存胡萝卜可以限制贮藏期黑腐病的发展。再次贮藏前应清洁和消毒贮藏空间和容器。

2. 土壤消毒

（1）石灰氮消毒。选气温高、光照好的晴天将土壤整平灌水，使土壤的相对湿度达60%～85%，灌水后两三天，均匀撒施石灰氮，每亩*施用石灰氮40～60千克，接着对土壤进行1次深翻，

---

* 1亩约等于667平方米。——编者注

使石灰氮颗粒与土壤充分接触，然后用透明薄膜覆盖闷土，使石灰氮充分发挥效力。石灰氮消毒可有效地防治由病原真菌、细菌及线虫引起的多种土传病害，同时可供给蔬菜氮素，减少硝酸盐积累，促进植物生长，是一种环保型土壤消毒技术。

（2）五氯硝基苯消毒。每平方米土壤用75%五氯硝基苯可湿性粉剂4克、65%代森锌可湿性粉剂5克，再与12千克细土拌匀，播种时下垫上盖，对土传病害有较好的防治效果。

3. 化学防治　发生前期或初期开始用药（北方种植区7月上中旬）。使用40%百菌清悬浮剂3 000毫升/公顷，7～10天喷雾1次，连续施药3～4次，可达到低投入高产出的防治效果。另外，二甲酰亚胺类杀菌剂异菌脲对胡萝卜黑腐病也具有较好的防治效果，使用500克/升异菌脲悬浮剂1 125毫升/公顷，连续施药3～4次，每7～10天喷雾1次。戊唑醇和苯醚甲环唑等三唑类杀菌剂也可有效防治胡萝卜黑腐病，可在7月上旬病害发生前期或初期选择使用400克/升戊唑醇悬浮剂250毫升/公顷，或10%苯醚甲环唑水分散粒剂1 000克/公顷，每7～10天喷雾1次，连续使用3～4次。

胡萝卜白粉病

胡萝卜白粉病主要发生在胡萝卜生长后期，由空气传播，其防治往往被忽视，发病严重地块产量损失在30%以上。高温高湿或干旱环境条件下均可发生。

【症状】幼叶、老叶均可感染，老叶发病较重。初生为污白色星点状霉层，很快扩展成大片菌丝层，即病原菌的分生孢子梗和分生孢子。后期从下部叶片逐渐向上部叶片扩展，叶缘萎缩，叶片逐渐干枯。

【病原】*Erysiphe polygoni* DC. sensu str. 称蓼白粉菌，属真菌界，子囊菌门，白粉菌属。

叶柄感病

叶部感病

病株与健株对比

重病田

【寄主范围】胡萝卜、甘蓝、南瓜、苜蓿、番茄、荞麦等多种作物。

【发病规律】病原菌在温室蔬菜上或土壤中越冬，借风和雨水传播。高温高湿或干旱环境条件下均可发生，发病适温20～25℃，相对湿度25%～85%，但是以高湿条件下发病重。在南方，病原菌在伞形花科寄主植物上以无性孢子越冬；在北方，以闭囊壳在寄主上越冬，种子也可带菌。气温20～30℃，湿度适宜即可发

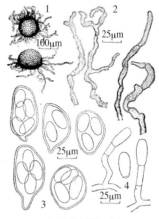

病原菌显微形态
1.子囊果　2.附属丝　3.子囊和子囊孢子　4.分生孢子梗和分生孢子
（引自Lamarck．J．B．de）

病。发病后又产生分生孢子进行多次再侵染，扩大危害。在干旱、少雨情况下，分生孢子仍可萌发侵染。此外，干湿交替有利于病原菌侵入，发生重。

【防治方法】

1.农业防治

（1）合理密植，避免过量施用氮肥，增施磷、钾肥，防止徒长。注意通风透光，降低空气湿度。

（2）种子消毒。用50～55℃温水浸种10～15分钟，或用15%三唑酮（粉锈宁）可湿性粉剂拌种后再播种。

2. 化学防治　发生前期或初期连续使用0.5%大黄素甲醚水剂6 300毫升/公顷3～4次，间隔7～10天施1次药，可大大降低生长后期白粉病的发生。百菌清作为一种非内吸性广谱杀菌剂，不仅对胡萝卜白粉病有较好的防治效果，对其他胡萝卜病害也具有较强的预防作用，可在胡萝卜白粉病发生前期或初期使用40%百菌清悬浮剂3 000毫升/公顷3～4次，间隔7～10天施1次药。氟硅唑、腈菌唑、苯醚甲环唑等三唑类杀菌剂对胡萝卜白粉病也有较好的防治效果，可在7月中下旬病害发生前期或初期选择使用400克/升氟硅唑乳油125毫升/公顷，或12.5%腈菌唑乳油420毫升/公顷，或10%苯醚甲环唑水分散粒剂1 000克/公顷，7～10天喷雾1次，连续使用3～4次，使用三唑类药剂时应注意使用剂量不宜过大以防止产生药害。

胡萝卜黑斑病

胡萝卜黑斑病是胡萝卜的主要病害之一，生长盛期多雨、天气闷热或多露天气易发病。发病严重时，叶片大量早枯而死。在我国南方胡萝卜种植区发病较重。

【症状】叶片、叶柄均可染病。叶片发病，多从叶尖、叶缘发病，产生带有黄色晕圈的暗色至黑褐色斑点，扩展后呈大小不等的不规则病斑，病斑黑褐色，中间淡褐色，周围组织略褪色。湿度大时病斑上密生黑色霉层，即病原菌分生孢子梗和分生孢子。发病严重时，病斑布满叶片后叶缘上卷，从下部枯黄。叶柄、花梗发病，生褐色小斑点，扩展后病斑长圆形，黑褐色，稍凹陷，易由此折断。

田间症状

【病原】*Alternaria dauci* (J. G. Kühn) J.W. Groves & Skolko 称胡萝卜链格孢，属真菌界，子囊菌门，链格孢属。分生孢子褐色，笔直或弯曲，棍棒状或有喙状突起，喙通常分枝或弯曲，大小为（55～70）微米×（12～30）微米，有7～11个横隔，1个以上纵隔或斜隔。分生孢子梗短且色深，单个或小群；笔直、弯曲或膝状弯曲，壁砖状分隔；黄褐色至褐色；大小为（25～105）微米×（6～10）微米。

【寄主范围】仅侵染胡萝卜。

【发病规律】以菌丝或分生孢子在种子或病残体上越冬，成为翌年初侵染源。种子带菌率高，播种带菌种子可引起发芽障碍或幼苗立枯。发病后从新病斑上产生的分生孢子，通过气流传播蔓延并进行再侵染。分生孢子发芽后，芽管由气孔、伤口或直接穿透表皮侵入。病原菌喜高温、高湿条件，在15～35℃范围内均可发病，发病适温28℃左右。胡萝卜生长盛期多雨、忽晴忽雨、闷热、多露易发病。发病后遇天气干旱，症状显现快而明显。一般雨季，植株长势弱的田块发病重。水肥不足、生长衰弱时，病情加重。发病严重时，叶片大量早枯而死。

15μm

分生孢子形态
(引自Groves J.W.)

【防治方法】

1. 农业防治

（1）从无病株上采种，做到单收单藏。

（2）避免连作，病重地块应与葱蒜类蔬菜或大田作物进行2年以上轮作。

（3）施足腐熟粪肥（以胡萝卜植株为食的动物粪便应彻底腐熟，以减少病原基数），适时追肥、灌水，防止植株早衰。特别是遇高温、干旱时，要注意及时灌水施肥，提高植株抗病能力。一旦发现中心病株，要及时拔除。

（4）收获后进行深翻，把地面的病残体埋入土中，加速腐烂、分解。

2. 化学防治　种子播前应进行消毒处理，可用种子重量0.3%的50%福美双可湿性粉剂、50%异菌脲（扑海因）可湿性粉剂、40%拌种灵·福美双（拌种双）可湿性粉剂、70%代森锰锌可湿性粉剂或75%百菌清可湿性粉剂拌种。

田间发病时，发生前期或初期开始用药。可用75%百菌清可湿性粉剂600倍液，或58%甲霜灵·锰锌可湿性粉剂400～500倍液、40%克菌丹可湿性粉剂300～400倍液、50%异菌脲可湿性粉剂1 500倍液，隔7～10天左右用药1次，连续用药3～4次。

胡萝卜细菌性叶斑病

胡萝卜细菌性叶斑病，也称胡萝卜细菌性疫病、黑斑病。

【症状】主要危害叶片、叶柄，也可危害花器。叶片发病，初时产生黄色小斑点，扩展后变为圆形、不规则形病斑，病斑中间因失水而发生干裂，四周具有不规则的黄色晕圈。发病严重时，叶片布满病斑，干枯而死。叶柄发病，产生暗褐色、条状病斑，重时由病斑处倒折，萎蔫枯死。花器发病后，多凋萎死亡。

【病原】*Xanthomonas campestris* pv. *carotae*（Kendrick）Dye 称油菜黄单胞菌胡萝卜致病变种（胡萝卜黑斑病黄单胞菌）。细菌杆状，两端钝圆，大小为（0.4～0.7）微米×（0.7～1.8）微米，有荚膜，具极生鞭毛，能游动，革兰氏染色阴性，好气。病原菌发育适温27～30℃，最高忍耐温度40℃，最低忍耐温度5℃，59℃经10分钟致死。

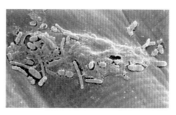

病原菌显微形态
（引自Fett W.F. & Cooke P.H.）

【寄主范围】仅侵染胡萝卜。

【发病规律】病原菌主要随病残体在土壤中越冬，种子表面和内部也可带菌。病原菌在田间借雨水、灌溉水、昆虫传播，由气孔和伤口侵入，潜育期5～7天，条件适宜时病害在田间发展很快。病原菌喜高温、高湿条件。气温在30～35℃、降雨频繁或雨量大易于发病。特别是暴风雨后因伤口增多，发病重，多见于南方胡萝卜种植区。

【防治方法】

1.农业防治　使用从无病株上采收的种子。一般种子应经消毒处理，可用50℃温水浸种25分钟，或用种子重量0.4%的50%琥胶肥酸铜可湿性粉剂拌种。精细整地，施足腐熟粪肥，高畦或高垄栽培。加强田间管理，及时中耕、松土、除草、追肥，促进根系发育，雨后及时排水。发病严重地块应与粮食、豆类、葱蒜类作物进行2年以上轮作。

2.化学防治　发病初期及时进行药剂防治，药剂可选用72%硫酸链霉素可湿性粉剂4 000倍液、90%新植霉素粉剂4 000倍液、77%氢氧化铜（可杀得）可湿性微粒剂600倍液、30%碱式硫酸铜（绿得保）悬浮剂400倍液、1∶1∶200波尔多液，隔7～10天用药1次，共用药3～4次。采收前15天停止用药。

胡萝卜斑点病

　　胡萝卜斑点病，又称胡萝卜褐斑病，是胡萝卜上的常见病害，夏秋高温时期易流行。重茬、菌源量大、土壤黏重、地势低洼发病重。

　　【症状】主要危害叶片、叶柄。叶片染病，初生褐色至灰褐色斑点，大小为2～4毫米，病斑圆形至近圆形，中间灰色至灰褐色，边缘带浅黄色至暗褐色，病斑扩展后最大可达1厘米，暗黑色。湿度大时两面均可生黑霉，即病原菌分生孢子梗和分生孢子。严重的病斑连接成片，病叶变褐凋萎，由下向上脱落。叶柄产生褐色凹陷病斑。在田间常与黑斑病混发。

叶部受害
（引自 Lindsey du Toit）

【病原】*Cercospora carotae* (Pass.) Solheim 称胡萝卜尾孢，属真菌界，子囊菌门，尾孢属。无子座；分生孢子梗生在寄主叶两面，散生或2～3根成丛，偶5～15根成束，从气孔伸出，浅褐色至暗褐色，有的上端屈曲，不分隔，不分枝，孢子痕小，大小为（10～45）微米×

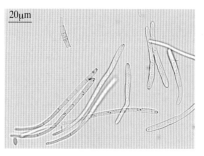

病原菌显微形态
（引自 Lindsey du Toit）

（2～5）微米；分生孢子圆筒形至倒棍棒状，无色或近无色，略弯，基端短倒圆锥状，顶端尖削至亚钝圆形，具1～6个隔膜，不明显，大小为（30～115）微米×（2～3.5）微米。

【发病规律】病原菌在种子内外和土壤中的病残体上及野生寄主上越冬，翌年产生分生孢子借风雨传播和蔓延，可存活1年以上。当分生孢子落在胡萝卜叶片上，在露滴或水滴中萌发，产生芽管由气孔侵入，在细胞间扩展蔓延，经几天潜育，叶片上出现病斑，经多次重复侵染，在植株上形成大量病斑。该病流行主要取决于气象条件、越冬菌源数量及寄主抗病性。病原菌发育适温25～28℃，潜育期5～8天，分生孢子形成要求相对湿度高于98%。生产上遇有连阴雨、大雾、重露或灌水过量易发病。一般连阴雨后10～20天，出现发病高峰，病势扩展迅速。重茬、菌源量大、土壤黏重、地势低洼发病重。

【防治方法】

1.农业防治　选用黑田五寸、鞭杆红、多伦红、麦村金笋等优良抗病品种。从无病株上采种，做到单收单藏；实行2年以上轮作；增施底肥，促其生长健壮，增强抗病力。

2.种子消毒　播种前用种子重量0.3%的50%福美双粉剂或40%拌种灵·福美双（拌种双）可湿性粉剂、70%代森锰锌可湿性粉剂、75%百菌清可湿性粉剂、50%异菌脲（扑海因）可湿性粉剂拌种。

3.药剂防治　发病初期可喷洒75%百菌清可湿性粉剂600倍

液，或50％甲基硫菌灵·硫黄悬浮剂800倍液、80％代森锰锌（喷克）可湿性粉剂600倍液、90％三乙膦酸铝（疫霜灵）可湿性粉剂500倍液、70％乙·锰可湿性粉剂400倍液、72％克霉星可湿性粉剂500倍液、50％烯酰吗啉（安克）可湿性粉剂1 500倍液、72.2％霜霉威盐酸盐水剂600倍液、40％敌菌丹（大富丹）可湿性粉剂300～400倍液、50％多菌灵·乙霉威（多霉威）可湿性粉剂1 000倍液等药剂，隔7～10天用药1次，连续用药3～4次，采收前10～15天停止用药。

胡萝卜猝倒病

胡萝卜猝倒病俗称倒苗、霉根、小脚瘟，属苗期病害，病原菌以分生孢子或菌核体在土壤中传播，病原菌寄主范围较广。胡萝卜猝倒病严重影响胡萝卜幼苗生长，发生严重时会造成胡萝卜缺苗现象，甚至会造成胡萝卜绝收。低温高湿的土壤环境下易发病和传播。

【症状】猝倒病是胡萝卜苗期病害之一，多发生在早春育苗床或育苗盘上，常见的症状有烂种、死苗和猝倒。烂种发生在播种后，在种子尚未萌发或刚发芽时就遭受病原菌侵染而死亡。猝倒是幼苗出土后，真叶尚未展开前，遭受病原菌侵染，致使幼苗叶柄基部发生水渍状暗斑，继而绕叶柄扩展，逐渐缢缩呈细线状，有时子叶尚未表现症状即已倒伏。湿度大时，在病苗及其附近地面上常密生白色棉絮状菌丝。初期往往仅个别幼苗发病，条件适合时以这些病株为中心，迅速向四周扩展，形成发病区。

病　株

田间症状

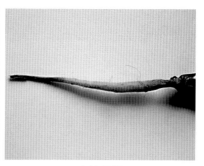

病株根部

【病原】由多种腐霉菌侵染引起，以瓜果腐霉 [*Pythium aphanidermatum* (Edson) Fitzp.] 为主，属藻物界，卵菌门，腐霉属。菌丝发达多分枝，无色，无隔膜。孢囊梗分化不明显。孢子囊形态多样，顶生、间生或侧生，有的具层出现象；菌丝膨大状、裂瓣状、球形或近球形。游动孢子肾形，侧生两根鞭毛。有性生殖产生卵孢子，卵孢子球形、光滑。

【寄主范围】猝倒病病原菌寄主范围广泛，包括茄子、番茄、辣椒、黄瓜、莴苣、芹菜、洋葱、胡萝卜等大部分蔬菜幼苗。

【发病规律】病原菌是土壤习居菌，是一类弱寄生菌，腐生性很强，可在土壤中长期存活。主要以卵孢子随病残体在土壤中越冬，条件适宜时，卵孢子萌发产生游动孢子或

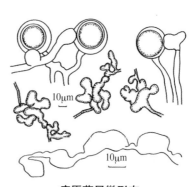

病原菌显微形态
（引自Fitzpatrick H. M.）

直接萌发产生芽管侵入寄主。菌丝体也可以在土壤中病残体上越冬或在腐殖质中营腐生生活，条件适宜时，产生孢子囊继而产生游动孢子侵入寄主。该病原菌主要借雨水、灌溉、带菌粪肥、农具、土壤耕作等传播，可不断产生孢子囊进行重复侵染。病原菌

在土温15～16℃时繁殖最快，适宜发病地温为10℃，故早春苗床温度低、湿度大时利于发病。光照不足，播种过密，幼苗徒长往往发病较重。浇水后积水处或薄膜滴水处，最易发病而成为发病中心。

【防治方法】

1.土壤消毒

（1）石灰氮消毒。选气温高、光照好的晴天将土壤整平灌水，使土壤的含水量达60%～85%，灌水后两三天，均匀撒施石灰氮，每亩施用石灰氮40～60千克，接着对土壤进行1次深翻，使石灰氮颗粒与土壤充分接触，然后用透明薄膜覆盖闷土，让石灰氮充分发挥效力。石灰氮消毒可有效地防治由多种病原引起的土传病害，同时可供给胡萝卜氮素、减少硝酸盐积累、促进植物生长，是一种环保型土壤消毒技术。

（2）五氯硝基苯消毒。每平方米土壤用40%五氯硝基苯粉剂3.4～4克、65%代森锌可湿性粉剂5克，再与12千克细土拌匀，播种时下垫上盖，对土传病害防效较好。

2.种子消毒

（1）温汤烫种。将预浸后的种子置于50～55℃的热水中恒温烫种30分钟，并不断搅拌。

（2）药剂浸种。先将种子预浸3～4小时，然后用100倍的福尔马林浸种15分钟，取出用纱布盖好闷2～3小时，清洗干净，或用25%甲霜灵（瑞毒霉）可湿性粉剂800～1 000倍液浸种4小时，冲洗干净后催芽。

（3）药剂拌种。用种子重量0.1%的50%多菌灵可湿性粉剂，或50%克菌丹可湿性粉剂、50%苯菌灵（苯来特）可湿性粉剂、75%萎秀·福美双（卫福）可湿性粉剂拌种，在拌种时种子和药剂必须干燥。

3.培育无病壮苗 播前备足营养土，精细整地，施足无病原菌的腐熟有机肥，浇足苗床底水，以利提高地温；播种不宜过密，播后盖土不要过厚，盖地膜；出苗前要求白天温度25～28℃、夜间不低于20℃，出苗后及时揭膜通气；低温寒潮天气注意夜间保温；控制苗床浇水，保持床面干燥；及时放风，降低湿度；严防幼苗徒长，提高幼苗抗病能力。

4.化学防治　苗期可喷施磷酸二氢钾500～1 000倍液，或氯化钙1 000～2 000倍液等，提高植株抗病能力。田间发病后，应在拔除销毁病苗的基础上及时喷药防治，可用75%百菌清可湿性粉剂600倍液，或64%恶霜锰锌可湿性粉剂500倍液、80%代森锰锌（大生）可湿性粉剂600倍液、38%恶霜嘧铜菌酯水剂800倍液、70%代森锌可湿性粉剂500倍液、58%甲霜灵·锰锌可湿性粉剂500～600倍液、90%三乙膦酸铝可湿性粉剂500倍液、30%恶霉灵水剂600倍液等，每隔7～10天喷1次，连喷2～3次。喷药时应注意喷洒幼苗叶柄和发病中心附近的病土。严重病区可用上述药物的50～60倍液，闷拌适量细土或细沙均匀撒施于田间。

胡 萝 卜 立 枯 病

胡萝卜立枯病是胡萝卜苗期的一种主要病害，俗称死苗、霉根，在我国大部分胡萝卜种植地区均有发生，尤其以南方酸性土壤发病重。胡萝卜幼苗出土至定植前均可受害，但以幼苗中后期发生较多，严重时可致幼苗成片枯死。

【症状】幼苗发病，叶柄基部出现椭圆形或不规则暗褐色凹陷病斑，扩展后绕叶柄一周，病部干缩后枯死。根部发病，多在地表根茎处变褐色并凹陷腐烂。该病发生后叶片变黄，潮湿时病部及附近地表出现淡褐色蜘蛛网状霉（菌丝体）。

【病原】病原为立枯丝核菌 [*Rhizoctonia solani* J.G. Kühn Die Krankheiten der Kulturgewächse, ihre Ursachen und Verbreitung] 属真菌界，担子菌门，丝核菌属。菌丝无色透明、黄褐色，呈直角分枝，分枝处略缢缩，菌丝直径5～7微米。老熟菌丝后期可形成菌核，菌核无特定形状，大小不等，淡褐色至黑褐色，质地疏松，表面粗糙。

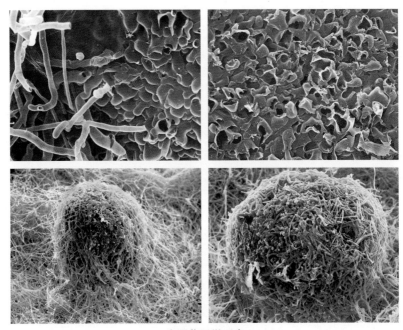

病原菌显微形态
(引自Kühn J.G.)

【寄主范围】胡萝卜立枯病病原菌可寄生160多种植物，主要寄主为茄子、番茄、辣椒、菠菜、洋葱、葱、豌豆、马铃薯、黄瓜、甘蓝、白菜、棉花等。

【发病规律】病原菌腐生性较强，以菌丝体或菌核在土壤或病残体中越冬，菌核在土壤中可存活2～3年。条件适宜时，菌丝直接侵入危害寄主。该病原菌主要借雨水、灌溉水、带菌粪肥、农具等传播蔓延。病原菌生长适温17～28℃，在12℃以下、40℃以上生长受到抑制。在春秋育苗期床温高、土壤水分多、施用未腐熟肥料、播种过密、间苗不及时等均可诱发该病，南方酸性土上发病重。

【防治方法】

1. 农业防治

（1）苗床换新土，施用腐熟肥料，并与床土掺匀。酸性土用石灰降低酸碱度。

（2）播种不宜过密，及时间苗和分苗。

（3）苗期适时通风，地温不超过22℃，空气相对湿度保持在60%～70%。

2. 化学防治

（1）苗床土药物处理。可用50%异菌脲（扑海因）可湿性粉剂，或50%乙烯菌核利（农利灵）可湿性粉剂、40%拌种灵·福美双（拌种双）可湿性粉剂每平方米用药10克与床土掺匀播种。或上述药10克与20～30千克细土混匀，取1/3药土铺底，余下的2/3覆盖在种子上。苗期或1～2片真叶期再撒上述药土，可有效控制发病。

（2）药剂拌种。用种子重量0.3%的40%拌种灵·福美双（拌种双）可湿性粉剂拌种。

（3）田间发病后，应在拔除销毁病苗的基础上及时喷药防治：可用50%灭霉灵可湿性粉剂600倍液，或20%甲基立枯磷乳油800倍液、5%井冈霉素水剂1 000倍液防治。

胡萝卜细菌性软腐病

胡萝卜细菌性软腐病，俗称烂根病、臭萝卜病，在胡萝卜生长期和贮藏期均可发生，造成肉质根腐烂。高温、多雨、缺氧、低洼排水不良地块发病重。我国北方胡萝卜种植区发生严重。

【症状】胡萝卜细菌性软腐病主要危害肉质根，其次危害叶柄。病原菌从伤口或皮孔（多从伤口）侵入肉质根。通常近地表肉质根冠部先发病，逐渐蔓延。病部初呈水渍状、湿腐，病斑凹陷、形状不定、褐色。在温暖潮湿条件下，病斑扩展快；受害组织呈灰褐色，心髓组织逐渐腐烂，外溢黏液，具有恶臭味。在胡萝卜贮藏期可继续发病，严重时造成烂窖。叶片发病分两种类型：一种是慢性型，叶片黄化、萎蔫，叶柄基部逐渐溃烂；另一种是急性型，病害扩展迅速，植株迅速失水青枯。

肉质根受害症状

【病原】胡萝卜细菌性软腐病由不同类型胡萝卜软腐欧文氏杆菌（*Erwinia carotovora*）的致病变种（或亚种）单独或混合侵染；胡萝卜软腐欧文氏杆菌胡萝卜致病变种 [*E. carotovora* var. *carotovora* (Jones) Bergey et al.] 简称Ecc；胡萝卜软腐欧文氏杆菌马铃薯黑胫病亚种 *E. carotovora* subsp. *atroseptica* (Van Hall) Dye，简称Eca。

Ecc菌体两端钝圆、呈短杆状，散生，大小为（0.5 ~ 0.7）微米 ×（1.0 ~ 2.0）微米，菌落圆形或不规则，稍凸起，灰白色，有光泽，半透明，表面光滑，周生鞭毛2～8根，无荚膜，不产生芽孢，革兰氏染色阴性。不耐光或干燥，在脱离寄主的土中只能存活15天左右。

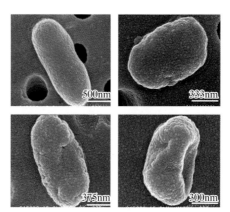

Eca菌体短杆状，单细胞，极少双联，周生鞭毛，具荚膜，大小为（0.5～0.6）微米×（1.3～1.9）微米，革兰氏染色阴性。最适生长温度为25～27℃，高于45℃即失去活力。

病原菌显微形态
（引自M. Moreau）

【寄主范围】病原菌除危害十字花科蔬菜外，还侵染茄科、百合科、伞形花科及菊科蔬菜。

【发病规律】两种胡萝卜软腐欧文氏杆菌的最适生长温度为25～30℃，喜湿，不耐光。病原菌在病残体、未腐熟肥料中存活、越冬，经肉质根的伤口或皮孔、叶片的气孔及水孔侵入。病原菌潜伏在肉质根的皮孔内和表皮上，高温、高湿、缺氧时，病原菌迅速增殖，在肉质根薄壁细胞间隙扩展，同时分泌果胶酶降解中胶层，引起软腐。通常高温、多雨、缺氧、低洼排水不良地块发病重，土壤长期干旱后突灌大水，易造成伤口，加重发病。此外，地下害虫多，发病也重。在贮藏期，通风不良，易使肉质根处于缺氧状态，有利于病害的发展。

【防治方法】防治策略采取预防为主，从大田、入库、贮藏三个环节进行综合防治。

1. 农业防治

（1）选地势较高、土质疏松、肥沃地块种植；高畦或高垄栽培。

（2）发病区宜与葱、蒜类蔬菜及水稻轮作，忌重茬。难于轮作地块施生石灰100～150千克/亩，深翻、晒土或灌水浸田待落干后再整地。

（3）施用充分腐熟粪肥；种植不宜过密；及时中耕松土、铲除杂草；适时防治地下害虫，防止虫伤。

（4）田间农事操作时，不要造成根部伤口；发现病株及时拔除，病株穴撒石灰或淋灌石灰水。

（5）收获时轻挖轻放，防止碰伤、擦伤；收获后，适当晾晒再入窖。贮藏时，剔除伤、病胡萝卜；贮藏期窖温控制在10℃以下，相对湿度低于80%。

2. **化学防治**　发病初期轮换使用下述药剂，喷施到胡萝卜叶柄基部，每7～10天用药1次，连续用药2～3次。喷施药剂包括：72%硫酸链霉素可溶性粉剂4 000倍液、77%氢氧化铜（可杀得）可湿性粉剂800倍液、50%琥胶肥酸铜可湿性粉剂500倍液、12%松脂酸铜（绿乳铜）乳油500倍液、14%络氨铜水剂300倍液、45%代森胺水剂1 000倍液。胡萝卜生长后期，采取喷灌结合施药，病虫兼治，综合防治。

胡萝卜白绢病

胡萝卜白绢病是胡萝卜种植中的一种常见的入春后易发的真菌病害，主要在南方种植区发生危害，保护地、露地均可发病，以保护地发病重。主要表现为在根茎部长出长短不一的白色菌丝。常造成死苗和烂根，影响生产。酸性土壤、连作地、种植密度高，发病重。

【症状】主要危害胡萝卜叶柄基部和根部。叶柄基部多发生在与地面接触处，植株皮层呈水渍状变色腐烂，表面上有白色绢丝状菌丝。菌丝多呈束状，粗细不等，向叶柄的左右扩展和向上作辐射状延伸，顶端整齐、等高，一般距地面高达20～30毫米。若地面干燥，菌丝则多产生在地下部的叶柄面上。有时白绢病病原菌菌丝从叶柄基部向地面四周扩展。根部被害后皮层腐烂，菌丝较地上部稀疏。发病后期，在菌丛上形成灰白色或黄褐色小菌核，圆形或近圆形，直径1～2毫米，散生或多个聚集成堆。植株感病后，早起叶色较淡，中午前后呈失水状凋萎，待病情继续发展，植株叶片黄化、枯萎，在短时间内全株死亡。

【病原】*Sclerotium rolfsii* Sacc. 称齐整小核菌，属真菌界、担子菌门，小核菌属。有性态为*Athelia rolfsii*（Curzi）Tu. & Kimb. 称罗氏阿太菌，属担子菌门真菌。因在自然条件下很少产生其有性阶段，故目前仍多使用其无性学名。在生活史中主要靠无性阶段产生两种截然不同的营养菌丝和菌核。生育期中产生的营养菌丝白色，直径5.5～8.5微米，有明显缢状联结，菌丝每节具两个细胞核，在产生菌核之前可产生较纤细的白色菌丝，直径3.0～5.0微米，细胞壁薄，有隔膜，无缢状联结，常3～12条平行排列成束。菌丝细胞壁成纤维状，平均厚度0.1～0.3微米，菌丝尖端前40～200微米处有酸性磷酸水解酵素的活性，大多被包围在各式不同的液泡中或溶素体中，此外可见核、核仁、肉质网、边体等。菌丝内的隔膜是典型的桶装隔膜，隔膜共5层。

【寄主范围】胡萝卜白绢病病原菌寄主范围广泛，可侵染100科500种植物，可引起苹果、核桃、梧桐、马尾松等多种树木及花生、大葱、大蒜、胡萝卜、番茄、马铃薯、黄瓜、葫芦、甜瓜、山药、洋葱等多种农作物发病。

【发病规律】以菌核留在土中、附着在病残体上或混杂在种子中越冬，在寄主体内的休眠菌丝亦具越冬作用。菌核抗逆能力强，耐低温，在-10℃条件下，不丧失其生活力，在自然条件中能存活5～6年，在室内可达10年，但将菌核浸泡在水中，经数月后即丧失生活力。菌核存在于土壤中2.5厘米处，2.5厘米以下萌发率明显减少，在土中7厘米以下几乎不萌发。菌核萌发后即可侵入植株，几天后病原菌分泌大量毒液及分解酶，使植株基部腐烂。菌丝亦能直接从寄主伤口或组织坏死部分入侵，但不能直接从健康部分入侵。该病借灌溉水传播蔓延，带菌苗木可作远距离传播。在土壤潮湿条件下，温度在15℃以下时，病害发生缓慢或不发生，温度上升到30℃左右时，病害发生严重，雨后转晴易流行。在各种土壤之间，对病害发生也有不同程度表现，黏壤土发病轻，碱性土壤发病轻，沙壤土发病重，酸性沙壤土上发病更为严重。

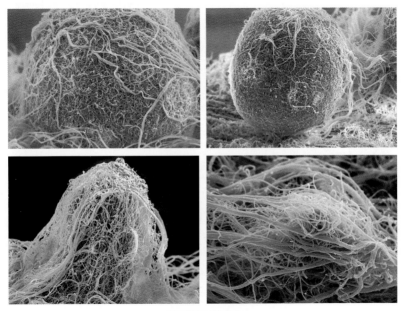

病原菌显微形态
(引自Saccardo P. A.)

【防治方法】

1. 农业防治　选择干燥、不积水地块种植。降低种植密度，消灭杂草寄主，严禁植株基部周围积存病叶，农事操作时避免机械伤害，可与玉米、小麦、燕麦、萹蓄、甘薯等农作物实行2年以上轮作。播种前深翻土壤，南方酸性土壤可每亩施石灰100～150千克，翻入土中。施用腐熟有机肥，适当追施硝酸铵、硝酸钙。及时拔除病株，集中深埋或烧毁，并向病穴内撒施石灰粉。通过调整播期可避免或减少白绢病的侵害。

2. 化学防治　挑选健康种苗，栽前用72%硫酸链霉素可湿性粉剂2 000倍液浸种1小时，晾干后播种。发病初期喷洒40%多菌灵·硫黄悬浮剂500倍液或50%异菌脲（扑海因）可湿性粉剂1 000倍液、15%三唑酮可湿性粉剂1 000倍液。此外也可每平方米用50%甲基立枯磷可湿性粉剂0.5克土表喷撒，或20%甲基立枯磷乳油900倍液喷雾。还可用40%五氯硝基苯粉剂拌细土（1：40），撒施于植物叶柄基部，或25%三唑酮可湿性粉剂拌细土（1：200）撒施于叶柄基部，均有较高防效。采收前10～15天停止用药。

胡萝卜灰霉病

胡萝卜灰霉病是胡萝卜贮藏中一种常见的易发的真菌病害，可造成肉质根腐烂。20℃左右、湿度饱和易发病。

【症状】胡萝卜灰霉病在贮藏的中后期发生最多，主要危害肉质根，起初感病的组织呈水渍状、浅褐色，后病部表面密生灰色霉状物，有的呈灰黑色，后逐渐腐烂，病组织干缩呈海绵状。

【病原】灰葡萄孢（*Botrytis cinerea* Pers.），属真菌界，子囊菌无性型葡萄孢属。有性态为富氏葡萄孢盘菌 [*Botryotinia fuckeliana*（de Bary）Whetzel]。子座埋生在寄主组织内，分生孢子梗细长从表皮表面长出，直立，分枝少，深褐色，具隔膜6～16个，大小为（880～2 340）微米×（11～22）微米，分生孢子梗端先缢缩后膨大，膨大部具小瘤状突起，突起上着生分生孢子；分生孢子单胞，无色，近球形或椭圆形，大小为（5～12.5）微米×（3～9.5）微米。

【寄主范围】寄主范围很广，至少可以侵染235种植物，主要对番茄、黄瓜、葡萄、草莓等多种果蔬类作物危害较大。

【发病规律】病原菌以菌丝体和菌核随病残体在菜窖里或土壤

中越冬，引起初侵染，分生孢子借气流传播进行再侵染。发病适温20℃左右；湿度饱和易发病，此外土壤湿度和机械损伤也影响发病率和病害扩展速度。

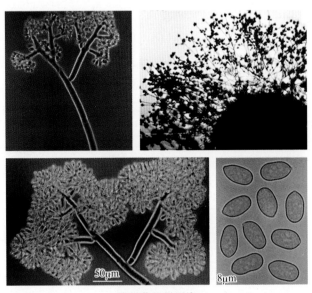

病原菌显微形态
(引自Persoon C. H.)

【防治方法】

1. 农业防治

（1）选用较抗病品种，如腊捻、鞭杆红、多伦红、麦村金笋等。

（2）选地势平坦、肥沃地块种植，精细整地、施用腐熟有机肥。氮肥不宜过多，不宜施用新鲜厩肥。

（3）加强田间管理，适时收获。雨后及时排除积水，合理灌溉。收获前及时清除病残体，收获、贮运过程中精心操作，尽量减少伤口。

2. 物理防治　入窖前晾晒几天，剔除有伤口和腐烂的肉质根，防止带病肉质根混入窖内。贮藏期间窖内温度控制在13℃以下，湿度保持90%以下，严防窖内滴水及寒潮侵袭或受冻。有条件的采用冷藏法，冷却速度越快，发病率越低，控制贮藏环境的温度在1～3℃，及时通风，降低湿度，效果更好。

3. 化学防治　提倡采用新窖，如用旧窖应在贮藏前半个月灭菌，每平方米用硫黄15克熏蒸，或甲醛100倍液喷淋窖壁，密闭一天后通风换气，备用。贮窖内发病时可喷洒50%异菌脲（扑海因）可湿性粉剂1 500倍液或50%腐霉利（速克灵）可湿性粉剂2 000倍液，也可用噻菌灵（特克多）烟剂，每100米³用量50克或15%腐霉利烟剂每100米³用量60克熏烟，隔10天左右再熏1次。

胡萝卜菌核病

胡萝卜菌核病是一种常见的胡萝卜真菌病害，在田间或进入贮藏阶段后易发生，通过土壤和空气传播。在低温潮湿的环境下易发病，植株过密时发病严重。

【症状】胡萝卜菌核病在田间和贮藏期均可发生，主要危害

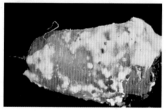

肉质根受害症状
（引自 Courtesy C. Kora, Michael J. Butler）

肉质根。在田间发病，植株地上部根茎处腐烂，地下肉质根软化，外部出现水渍状病斑，组织腐朽呈纤维状、中空，病部外生白色棉絮状菌丝和黑色鼠粪状菌核。贮藏期间可继续发病，如发现不及时，可造成整窖腐烂。

【病原】*Sclerotinia sclerotiorum* (Lib.) de Bary 称核盘菌，属盘菌纲、子囊菌门、核盘菌属。菌核初白色，后表面变黑色鼠粪状，大小不等，由菌丝体扭集在一起形成，5～20℃，吸水萌发，产出1～30个浅褐色盘状或扁平状子囊盘，系有性繁殖器官。子囊盘柄的长度与菌核的入土深度相适应，一般3～15毫米，有的可达6～7厘米，子囊盘柄伸出土面为乳白色或肤色小芽，逐渐展开呈杯状或盘状，成熟或衰老的子囊盘变成暗红色或淡暗红色。子囊盘中生有很多平行排列的子囊及侧丝，子囊盘成熟后子囊孢子呈烟雾状弹射，高达90厘米。子囊椭圆形或棍棒形，无色，大小为（91～125）微米×（6～9）微米，内生8个无色的子囊孢子。子囊孢子单胞，椭圆形，排成一行，

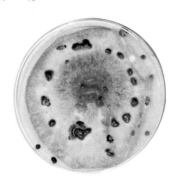

人工培养基上形成的菌核
（引自 Courtesy C. Kora,
Michael J. Butler）

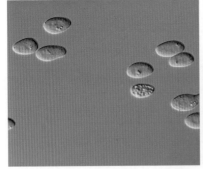
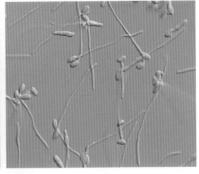

病原菌显微形态
（引自 Courtesy C. Kora, Michael J. Butler）

大小为（9～14）微米×（3～6）微米，一般不产生分生孢子。0～35℃菌丝能生长，菌丝生长及菌核形成最适温度20℃，50℃经5分钟致死。

【寄主范围】寄主范围较广，包括茄科、十字花科、伞形花科、菊科、藜科、豆科等多类植物，主要包括胡萝卜、万寿菊、马铃薯、向日葵、蛇麻草、莴苣、番茄、黄瓜、花椰菜、连翘、葡萄等。

【发病规律】病原菌以菌丝、菌核及子囊孢子在菜窖中、土壤内或种子上越冬。该病属土传病害类型，其特点是子囊孢子在侵染循环中不起作用，以菌丝体为初侵染源，病健株接触构成再侵染。其发病适温为20℃，在潮湿、积水条件下易发病，植株过密时发病严重。

【防治方法】

1. 农业防治

（1）重病区或重病地与非伞形科作物进行3年以上轮作，有条件的采用土壤淹水，以杀灭菌核。

（2）及时清理田园，秋冬季深翻，将带病原菌的病株残体埋入地下或集中烧毁。深翻、晒地，加强肥水管理，合理施肥，避免氮肥过多。合理密植，改善通风透光条件。雨后及时排涝，降低田间湿度。

（3）装运胡萝卜的器具、贮藏窖或其他类型贮藏地点进行药剂消毒，入窖前剔除有病肉质根。窖温应控制在13℃上下，相对湿度80%左右，防止窖顶滴水和受冻。

2. 化学防治　发病初期，可选用50%甲基硫菌灵可湿性粉剂500倍液，或80%代森锌可湿性粉剂600～800倍液、80%福美甲胂（退菌特）可湿性粉剂1 000倍液等喷雾防治，着重喷洒植物基部，7天喷1次，连喷2～3次。贮藏期间可选用50%异菌脲可湿性粉剂1 000倍液、50%腐霉利可湿性粉剂1 500倍液喷洒，也可用噻菌灵（特多可）烟剂每100米^{3}用量50克（1片）或15%腐霉利烟剂每100米^{3}用量60克烟熏，隔10天左右再熏1次。

胡萝卜根霉软腐病

胡萝卜根霉软腐病是胡萝卜贮藏中的一种常见易发的真菌病害。降雨多或大水漫灌，湿度大易发病。

【症状】胡萝卜在贮藏期间易发病。主要危害肉质根，发病初期产生水渍状斑，后变浅褐色，湿度大时病部长出羊毛状灰白色菌丝，致肉质根腐烂。菌丝顶端带有灰色头状物，即病原菌的孢子囊，区别于核盘菌、丝核菌等引致的根部腐烂。

危害症状

【病原】*Rhizopus stolonifer* (Ehrenb.) Vuill.称匍枝根霉（黑根霉），属真菌界，接合菌门，根霉属。孢子囊球形至椭圆形，褐色至黑色，直径65～350微米，囊轴球形至椭圆形，膜薄平滑，直径70微米，高90微米，具中轴基，直径25～214微米；孢子形状不对称，近球形至多角形，表面具线纹，似蜜枣状，大小为（5.5～13.5）微米×（7.5～8.0）微米，褐色至蓝灰色；接合孢子球形或卵形，直径160～220微米，黑色，具瘤状突起，配囊柄膨大，两个柄大小不一，无厚垣孢子。病原菌寄生性不强。

【寄主范围】能引起多种蔬菜、瓜果及薯类病害。

【发病规律】病原菌为弱寄生菌，分布较普遍。由伤口或从生活力衰弱部位侵入，能分泌大量果胶酶，破坏力大。病原菌在腐烂部产生孢子囊，散放出孢囊孢子，借气流传播蔓延。在田间气温22～28℃、相对湿度高于80%时易发病。

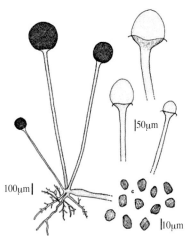

病原菌显微形态
(引自 Vuillemin P.)

【防治方法】

1. 农业防治　定植前土壤需深翻曝晒，前茬以豆类和葱蒜等作物最好；地势要排灌方便防止土壤黏重；加强肥水管理，严防大水漫灌；不断清除病株烂叶，穴内施以消石灰进行灭菌；雨后及时排水，保护地要注意放风降湿。

2. 化学防治　发病后及时喷洒30%碱式硫酸铜（绿得保）悬浮剂300～400倍液，或36%甲基硫菌灵悬浮剂500倍液、50%多菌灵可湿性粉剂600倍液、50%苯菌灵可湿性粉剂1 500倍液，采收前3天停止用药。

胡萝卜根结线虫病

根结线虫病是胡萝卜的主要病害之一，尤其在胡萝卜多年连作生产区发病严重。地势高燥、土壤疏松的中性沙土发病重，可导致植株生长发育不良、矮化、叶片瘦弱，引发植株提早枯死。我国南方种植区发病严重。

【症状】根结线虫主要为害胡萝卜根部，主根和须根整个生长期间均可受害。被害肉质根畸形、常分枝呈手指状，直根上散生许多半圆形瘤，瘤初为白色，后变褐色，生于近地面5厘米处；须根很多，其上有许多葫芦状根结，多生结节状不规则排布的圆形虫瘿，内可见到白色或黄白色粒状物（雌虫体）。植株地上部表现症状因发病程度不同而异，发病轻时，地上部病株仅部分叶片发黄，无其他明显症状；发病重时，地上部植株生长不良、矮小、黄化、萎蔫，似缺肥水或枯萎病症状，引发植株提早枯死。

肉质根受害症状
（图1～3引自Mitkowski N. A.）

【病原】为害胡萝卜的致病线虫有南方根结线虫、北方根结线虫，也混有花生根结线虫等。

Meloidogyne incognita var. *acrlta* Chitwood 称南方根结线虫。病原线虫雌雄异形，雄成虫线状，尾端稍圆，无色透明。雌成虫除短的头颈外，虫体膨大近球形或梨形、乳白色，虫体末端阴门附近为会阴区，其角质膜上形成特殊的环纹，称为会阴花纹，为区分种的重要依据。

Meloidogyne hapla Chitwood 称北方根结线虫。分布在7月份平均温度为26.7℃的等温线以北。幼虫的平均长度为0.43毫米，会阴部花纹由平滑条纹组成，近圆形，有些花纹向一方或两方伸成翼状，近尾端处常见刻点，幼虫具钝而分叉的尾部。雌虫梨形或袋

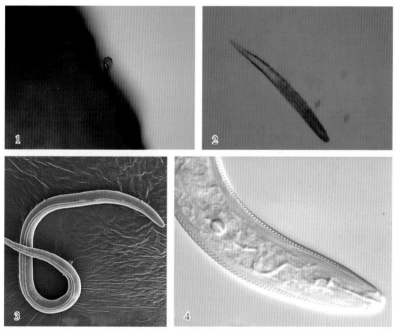

病原线虫显微形态
1. 附着于胡萝卜上的虫体　2~3. 虫体　4. 口针

形，会阴花纹圆形至扁卵形，背弓低平，侧线不明显，尾端区常有刻点，排泄孔位于距头端1.5个口针长处。雄虫线状，头冠高而窄，头区与体躯有明显界线，侧区有4条侧线，头感器长裂缝状，背食道腺开口到口针基部球底部长4～6微米。

Meloidogyne arenaria Neal称花生根结线虫。雌虫梨形，会阴花纹侧线不明显，尾端无刻点，近侧线处有不规则横纹，排泄孔位于距头端2个口针长处。雄虫线形，头冠低，头区具环纹，背食道腺开口到口针基部球底部长4～7微米，导刺带新月形。

在胡萝卜的整个生长周期中，根结线虫可连续繁殖4～5代，每头雌成虫可繁殖2 000～4 000头幼虫。

【寄主范围】寄主范围广，有胡萝卜、牛蒡、瓜类、豆类、茄果类、十字花科等多种蔬菜，以及烟草、棉花、花生、桑、茶等多种作物。

【发病规律】病原线虫以卵随病残体在土壤中越冬，也可以幼虫在土壤中或以幼虫和雌成虫在寄主体内或粪肥中越冬。翌年越冬卵孵化出二龄幼虫，越冬二龄幼虫恢复活动，移动聚集寄主根的先端，从幼嫩根尖侵入，继后向内、向上迁移，在根细胞伸长区定居取食，直至发育为成虫。在口针穿刺取食的同时，由口针注入分泌液，刺激其取食点附近的寄主细胞增殖和增大，形成围绕幼虫头部的几个多核巨细胞，作为转移受侵根内营养，供给线虫食用的营养细胞，同时引起病根出现瘤子，俗称根结。线虫多在土壤5～30厘米土层内生活、活动，完成一代大约需要25～30天，一年可发生4～5代。线虫在土壤中除线虫（二龄侵染幼虫）蠕动可移行短距离，主要借病土、病苗及灌溉水传播。线虫在土壤10～15℃以上开始活动，生长发育最适温度25～30℃。土壤过干、过湿均对线虫不利，土壤湿度适合于蔬菜生长，也就适于线虫活动。适宜pH4～8，凡地势高燥、土壤疏松的中性沙土，适宜根结线虫活动，发病重。土壤潮湿、黏重、板结的田块，不利于根结线虫活动，发病轻。连作地发病较重，连作期限愈长，发病愈重。

【防治方法】

1.农业防治

（1）选用抗病品种。选育抗病品种是防治胡萝卜根结线虫病最经济有效的措施，研究表明富士7寸、沃优卡红7寸、澳洲红心、郑参1号等品种抗病性较强。

（2）改良土壤。可通过调节土壤pH或更换土壤以达到控制根结线虫为害的目的。根结线虫适宜在pH5～8的土壤环境中生存，适当追施碱性肥料，可使线虫适生环境遭到破坏，减轻根结线虫的危害。

（3）清洁田园消灭越冬虫源。前茬作物收获后清除田园杂草，进行彻底清园，对前茬作物特别是易感病作物的病体、病枝进行集中烧毁或深埋。

（4）深翻并进行土壤消毒。利用胡萝卜播前的高温季节，一是对有病田块进行大水漫灌，淹没5～7天；二是对土地实行深翻，将表土和病枝埋在30厘米以下；三是用塑料薄膜覆盖地面2～3周以上，提高地温至55～65℃，利用日光消毒杀死线虫。在翻土前可重施有机肥和磷、钾肥，每亩施入腐熟畜禽粪便3 000千克、过磷酸钙120千克、硫酸钾肥30千克。

（5）实行轮作换茬。一是采用高抗作物如甘蓝、辣椒、大蒜、玉米、青菜、菠菜、大葱、韭菜等轮作换茬；二是实行水旱轮作换茬，在水旱轮作区，种植胡萝卜后，再种植1～2茬水稻或水生蔬菜等，以减少线虫的密度；三是与禾本科作物实行3～4年轮作。如在安徽宿州胡萝卜产区，将胡萝卜—豌豆—春玉米的生产种植模式换成胡萝卜—小麦的生产种植模式或与石刁柏进行2～3年轮作，辅之化学防治措施，根结线虫病的发生概率可降低50%以上。

2. 生物防治

（1）用地衣芽孢杆菌防治根结线虫。一是用地衣芽孢杆菌粉剂处理土壤。每公顷用量为7.5～15千克，开沟条施或沟施、穴施；也可将粉剂施于地面，边施边翻耕耙地，耙平2～3天后再栽种。连年使用地衣芽孢杆菌粉剂对各种土壤根结线虫均具有很好的防治效果。二是生长期用地衣芽孢杆菌水剂灌根。预防时每75毫升水剂对水15千克，苗期和定植后每7～10天灌根1次，每株灌液量为300毫升，连续灌2～3次。发病后，每100～150毫升药剂对水15千克，7天灌1次，每株灌液量300～500毫升，连续灌根3～4次。

（2）用线虫必克防治根结线虫。线虫必克有效成分为高效食线虫真菌厚垣孢子轮枝菌孢子，1克颗粒剂含2.5亿活孢子。每公顷用量为30千克，沟施或穴施。生长期发病可拌土施于作物根部，现拌现用。

（3）用淡紫拟青霉防治根结线虫。淡紫拟青霉属于内寄生性真菌，是一些植物寄生线虫的重要天敌，能够寄生于卵、幼虫和雌成虫，对南方根结线虫的卵寄生率高达60%～70%，是防治根结线虫最有前途的生防制剂。可在胡萝卜播种前，按种子量1%的10亿活孢子/克淡紫拟青霉可湿性粉剂300倍液拌种。发病初期可用10亿活孢子/克淡紫拟青霉可湿性粉剂500倍液灌根。

3. 化学防治

（1）播前。可利用胡萝卜播种前的高温季节配合使用化学药剂进行土壤熏蒸。在胡萝卜播种前，用0.5%阿维菌素颗粒剂每亩3 000克整地前撒施地表，堆捂2～3小时后阴干即可播种。或用20%内线磷颗粒剂、10%克线丹颗粒剂、10%苯线磷（克线磷）颗粒剂3～5千克/亩拌土后在胡萝卜播种时穴施或沟施。对重病田块可用溴甲烷、二溴乙烷熏蒸或在播前半个月每亩施滴滴混剂原液30～40千克，施后立即用土盖好，半月后播种。

（2）生长期。可用1.8%阿维菌素乳油1 000毫升/亩，或1%甲维盐150毫升/亩加80%攻线1号500毫升/亩，20%丁硫克百威乳油83.3毫升/亩防治，也可用50%辛硫磷乳油100克/亩拌细土25～40千克，配制成毒土，均匀撒施。零星发病时，可在发病初期对病株灌根，药剂可用50%辛硫磷乳油1 500倍液，或用90%敌百虫可湿性粉剂800倍液，每株灌药液250～500毫升。一般灌药前先浇水，可提高药效。

胡萝卜病毒病

胡萝卜病毒病在各生育时期均可发生危害。主要通过蚜虫传播，高温、干旱有利于蚜虫的发生，病毒病易发生流行。

【症状】胡萝卜病毒病主要有胡萝卜花叶病（CeMV）、胡萝卜黄化病（MLO）、胡萝卜红叶病（CRLV）。胡萝卜花叶病在胡萝卜苗期或生长中期发生，植株生长旺盛的叶片易受侵，轻者形成明显斑驳花叶，重者呈严重皱缩花叶，有的叶片扭曲畸变。胡萝卜黄化病在生长初期发病，植株显著矮化，呈丛生症状，沿叶脉生成黄斑，叶脉透明。生长后期发病，只出现叶片黄化症状。胡萝卜红叶病发病后叶片产生大小为 1 ~ 2 毫米的红斑，或叶片出现红化症状。

叶片红化症状

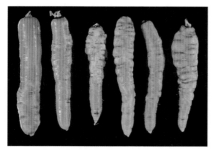

肉质根受害症状
（引自Lindrea J. Latham）

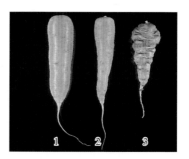

播种后不同侵染期发病症状
1. 健株　2. 播种后8周侵染症状
3. 播种后4周侵染症状
（引自Lindrea J. Latham）

【病原】国外报道过的胡萝卜病毒病的毒源有胡萝卜花叶病毒（*Carrot mosaic virus*）、胡萝卜杂色矮缩病毒（*Carrot motley dwarf virus*）、胡萝卜薄叶病毒（*Carrot thin leaf virus*）、胡萝卜斑驳病毒（*Carrot mottle virus*）及胡萝卜红叶病毒（*Carrot red leaf virus*），我国缺乏有关此病原的相关研究及报道。

【寄主范围】胡萝卜、香菜、水芹菜、茄子、番茄、黄瓜、菠菜等作物及各种杂草。

【发病规律】病毒可在种子、田间多年生杂草、病株残体、保护地或随肉质根在窖内越冬。病毒不能由种子、土壤及汁液传毒，主要通过埃二尾蚜、胡萝卜微管蚜及桃蚜传毒。蚜虫在带毒病株上吸食1～24小时即获毒，再飞到健康植株上吸食汁液24小时即可传毒，一旦获毒后可保持传毒能力达15天。汁液摩擦、人工操作接触摩擦亦可传毒。发病适温20～25℃，栽培管理条件差、重茬、植株生长衰弱、干旱、蚜虫数量多时发病重，病毒病易发生流行，胡萝卜在6～7叶以前的幼苗期易染病。

【防治方法】

1. 农业防治

（1）选用优良抗病品种。可选用红蕊4号、新黑田5寸参、日本5寸参等。

（2）选留无病种株。秋冬收获时，严格挑选无病种株，以减少种子带毒。

（3）田间管理。精耕细作，施足有机肥，亩施腐熟有机肥4 000千克、磷肥50千克、硫酸钾10千克，深耕25～30厘米；在叶部生长旺期，结合浇水，亩施尿素5～10千克，肉质根膨大期，亩施硫酸钾10千克。中耕除草，间苗后浅中耕1次，疏松表土，拔除杂草，浇水后或雨后中耕2～3次。加强水肥管理，出苗前要保持土壤湿润，齐苗后土壤要见湿见干；苗期控制浇水，勤锄划，叶部生长过旺，可蹲苗10～15天；肉质根膨大期，要保证水分供应，适时适量浇水；雨后要排除田间积水，防止烂根。及时清理病残株，深埋或烧毁，或把肉质根置于36℃条件下处理39天，可使病毒钝化，亦可喷布混合脂肪酸水剂（83增抗剂）100倍液，提高抗耐病毒能力。

2. **防治蚜虫** 及时防蚜，减少传毒机会。可选用2.5%高效氯氟氰菊酯（功夫菊酯）乳油3 000～4 000倍液，或10%吡虫啉可湿性粉剂1 500倍液、2.5%高效氯氰菊酯乳油3 000～4 000倍液、2.5%联苯菊酯乳油3 000倍液、20%甲氰菊酯乳油2 000倍液等喷雾防治。除用药防治蚜虫外，还可挂镀铝聚酯反光幕或银灰塑料膜条避蚜。

3. **化学防治** 发病前，可选用1.5%硫铜·烷基·烷醇（植病灵）乳剂1 000倍液，或20%盐酸吗啉胍·铜（病毒净）可湿性粉剂500倍液或1：（20～40）的鲜豆浆低容量喷雾。发病初期可喷洒3.85%三氮唑核苷·铜·锌水剂500倍液，或0.5%菇类蛋白多糖水剂250～300倍液等。发病较重时，喷施0.1%的医用高锰酸钾水溶液（严禁加入任何杀菌剂、杀虫剂或激素），每隔7天喷1次，连喷3～4次。

4. **施用钝化剂** 用1：20的黄豆粉或皂角粉水溶液，在田间作业时喷洒，对防止操作接触传染有效。

二 胡萝卜生理性病害

（一）胡萝卜缺硼症

【症状】叶片变成紫红色，中心叶片黄化萎缩而枯死，根颈处出现黑色龟裂，并产生丛生叶及次生小叶。纵切可看到在形成层处，心部与周围分离。

【防治方法】

1. **加强栽培管理** 合理施肥，宜增施腐熟的农家肥，遇长期干旱，土壤过于干燥时要及时灌水抗旱，保持湿润，增加对硼的吸收。同时，要控制氮肥用量，特别是铵态氮过多，不仅影响胡萝卜体内氮和硼比例失调，而且会抑制硼的吸收。

2.可通过施用硼酸或硼砂缓解症状　一般硼砂宜热水溶解后稀释施用，可作基施、浇施、喷施。经济用量亩基施硼砂1千克为好。未施基肥的可在2～4叶期补施，喷施用量0.2%硼砂亩施量50千克；浇施用量0.2%硼砂液在2叶期浇施，亩施量500千克。

不同部位发病症状

1.肉质根症状　2~3.健叶、病叶对比

（引自高桥英一）

（二）胡萝卜缺锰症

【症状】胡萝卜缺锰时，叶片脉间失绿黄化，严重时褪绿部分呈黄褐色或赤褐色斑点，逐渐增多扩大并散布于整个叶片。有时叶片发皱、卷曲甚至凋萎。根畸形，并且根上长满须根。

【防治方法】

（1）增施有机肥。增施通过

肉质根受害症状

无害化处理的农家肥料能较好地预防和减轻缺锰对胡萝卜的危害。

（2）缺锰土壤亩用硫酸锰或氯化锰1～2千克做底肥；叶面施锰可用500～1 000倍硫酸锰水溶液或0.3%的硫酸锰加0.15%的石灰水溶液，喷洒次数依病情发展而定。

（三）胡萝卜缺钾症

【症状】胡萝卜缺钾时通常是老叶和叶缘发黄，进而变褐，焦枯似灼烧状；叶片上出现褐色斑点或斑块，但叶中部、叶脉和近叶脉处仍为绿色。随着缺钾程度的加剧，整个叶片变为褐色或干枯状，坏死脱落；根系短而少，易早衰，严重时腐烂，易倒伏。

胡萝卜缺钾症

【防治方法】

（1）由于阳离子浓度过高而引起的缺钾症，要通过避免施用铵态氮肥和洗盐等方法来解决。

（2）对缺钾的地块，要在基肥中加大草木灰或速效钾的用量；对大面积发病的地块，可用叶面喷施速效钾来治疗。

（四）胡萝卜缺氮症

【症状】整个植株生长受抑制，尤其在老叶上易见，从老叶到新叶逐渐发展。叶片较小，叶色淡绿，从老叶开始变黄，根部发育差。

【防治方法】

（1）适当增施腐熟的堆肥或厩肥等有机肥，改良土壤结构，减少氮素流失。

（2）发现缺氮时，每亩追施硝酸铵11.5千克或尿素8.5千克，施后立即灌水；不易过量偏施氮肥，过量易导致植株抗病性降低。

（五）胡萝卜缺镁症

【症状】整个叶片颜色变淡，叶脉间均匀黄化，严重时呈棕红色，易发生在中下部叶片上。

【防治方法】

1.加强土肥管理　应适当增施腐熟的堆肥或厩肥等有机肥；过量钾、铵离子易破坏养分平衡，抑制植株对镁的吸收，因此不要过量偏施速效钾肥、氮肥。

2.根部施肥　在酸性土壤中可适当施用50千克/亩的镁石灰；中性土壤可亩施硫酸镁2～4千克（按有效镁计）。

3.叶面施肥　缺镁症出现时，每隔7～10日喷洒0.2%硫酸镁溶液，连续喷施3～4次即可收到良好效果；磷肥和镁肥配合施用有助于镁的吸收。

（六）胡萝卜缺钙症

【症状】植株地上部分和地下部分均表现症状，心叶软腐枯死，肉质根上出现状如眼睛的横向裂纹，严重时伴有空心症状。植株缺钙，通常是由于水分失调导致的。

【防治方法】

1.增施腐熟有机肥　结合耕地亩施2 000～3 000千克腐熟有机肥，再配施过磷酸钙30千克，做到底肥补钙。

2.适施钙肥　石灰是生产上常用的钙肥，宜作基肥施用，其适宜施用量应视土壤酸碱度及土质等状况而定，一般每亩土壤用40～50千克的生石灰或熟石灰较为适宜。其他如石膏（硫酸钙）、钙镁磷肥及过磷酸钙等，因均含有钙的成分，也可作为兼用钙肥，适量施用。

3.叶面喷钙　当发现胡萝卜已出现缺钙症状时，喷施1%的过磷酸钙浸出液或0.3%～0.5%氯化钙、硝酸钙溶液，或喷施0.1%的螯合钙或活力钙800～1 000倍液，每7～10天1次，一般喷3～4次，效果较好。

（七）胡萝卜缺磷症

【症状】老叶从叶缘开始变紫，同时老叶柄也变紫并且生长受阻。

【防治方法】

（1）及时中耕排水，提高地温，增施腐熟的有机肥。

（2）防止土壤发生酸化或碱化。酸性土壤可亩施30～40千克石灰，并结合整地均匀施入耕层，以提高土壤磷的有效性。

（3）发现缺磷症状时，可通过叶面喷施1%的过磷酸钙澄清液或0.1%～0.2%的磷酸二氢钾溶液缓解症状。每隔7～10天喷1次，一般喷施2～3次，每亩喷肥50千克为宜。

（八）胡萝卜缺硫症

【症状】新叶均匀黄化，看似非常脆弱。

【防治方法】可用硫酸铵、硫酸钾等速效性硫肥作追肥或叶面喷施。为了提高肥效，施硫量应与施氮、磷量相适应，施氮、磷量高，应相应增加施硫量。

（九）胡萝卜缺铜症

【症状】幼叶初期暗绿色，不能伸展，严重缺铜时老叶枯萎，植株枯死。

【防治方法】每公顷施15～30千克硫酸铜做底肥；表现缺铜症状时可叶面喷施硫酸铜3 000～3 500倍液。

（十）胡萝卜异形根

【症状】胡萝卜根出现弯曲、分叉、歧根或开裂等现象，称为异形根或畸形根。

【病因】胡萝卜肉质根的分叉与弯曲有发育分化的原因，也有机械的原因。胡萝卜只生一肉质根，直根周围具两列侧根，正常时，这些侧根隐匿不膨大，在直根发育受抑制时，侧根膨大有时分叉，并使整个直根畸形。原因有五：一是幼苗破肚期后，生长

肉质根症状

过挤,主根弯曲,侧根发达,形成歧根;二是根部生长旺盛发达,土层太浅、土壤板结、土质黏重或石头等坚硬物质太多,使肉质根生长受阻而形成歧根;三是施用肥料不当,施用未腐熟粪肥或追施化肥过于靠近根系或过于集中等,烧死根尖或在田间管理中,人为损伤根尖,使侧根猛长;四是使用陈旧的种子,往往生活力较弱、发育不良,影响到幼根先端生长点的生长和伸长,易引起分叉、弯曲或其他畸形现象;五是品种,长形品种较短形或圆形品种易产生分叉、变形及弯曲。

【防治方法】

(1)选用腊捻、江米条、鞭杆红、多伦红、麦村金笋等优良品种,特别是短圆形胡萝卜品种。采用当年收获的新种子。

(2)选择沙质土壤,施用充分腐熟的肥料,深施、匀施,做到深耕细耙、良好排水、合理密植、彻底防治病虫为害,尤其要防治地下害虫。

(3)注意平整土地,及时间苗培土。

二、胡萝卜虫害

地 老 虎

地老虎又名切根虫、夜盗虫，俗称土蚕，主要包括小地老虎 *Agrotis ypsilon* Rottemberg、黄地老虎 *Agrotis segetum* Schiffermiiller。属昆虫纲，鳞翅目，夜蛾科。小地老虎全国均有分布；黄地老虎分布于西北、西南、东北、华北等地。寄主范围广泛，主要有棉花、玉米、高粱、粟、麦类、薯类、豆类、麻类、苜蓿、烟草、甜菜、油菜、番茄、辣椒、茄子、瓜类以及多种蔬菜等，药用植物、牧草和林木苗圃的实生幼苗也常受害，多种杂草也为其重要寄主。春季雨量多的年份、管理粗放的地块、盐碱地、低洼下湿地、村庄附近的地块及施用农肥的地块发生重。

【为害状】主要以幼虫为害幼苗，幼虫啃食肉质根，或将幼苗近地面的叶柄部咬断，使整株死亡，造成缺苗断垄。

【形态特征】

1.小地老虎

成虫：体长16～23毫米，翅展42～54毫米，体、翅均暗褐色，中等大小的蛾子，前翅中央有一个肾状纹，其外侧有一个尖头向外的长三角形黑斑，其与翅外缘尖头向内的两个长三角形黑斑相对。后翅灰白色，边缘黑褐色。雌蛾触角呈丝状，雄蛾呈羽毛状。

小地老虎成虫
（引自山西植保所昆虫馆）

小地老虎幼虫
（引自陆俊娇）

幼虫：共6龄。老熟幼虫体长37～47毫米，头部为淡黄色，身体呈黑褐色，背上有许多黑色小颗粒。小地老虎体形稍扁平，腹末臀板黄褐色，有对称的2条深褐色纵带。

卵：呈馒头形，直径约0.5毫米，表面有纵横相交的隆线，初产时为乳白色，后渐变为黄色，快孵化时变为黑褐色。

蛹：长18～23毫米，为纺锤形，红褐色或暗褐色，末端有短刺1对。

2.黄地老虎

成虫：体长约14～19毫米，翅展32～43毫米，灰褐至黄褐色。额部具钝锥形突起，中央有一凹陷。前翅黄褐色，全面散布小褐点，各横线为双条曲线但多不明显，肾纹、环纹和剑纹明显，且围有黑褐色细边，其余部分为黄褐色；后翅灰白色，半透明。

黄地老虎成虫
（引自山西植保所昆虫馆）

幼虫：老熟幼虫体长33～45毫米，头部黄褐色，体淡黄褐色，体表颗粒不明显，体多皱纹而淡，臀板上有两块黄褐色大斑，中央断开，小黑点较多，腹部背面各节有4个毛片，后两个比前两个稍大。

黄地老虎幼虫
（引自丁万隆）

卵：扁圆形，底平，黄白色，具40多条波状弯曲纵脊，其中约有15条达到精孔区，横脊15条以下，组成网状花纹。

蛹：体长16～19毫米，呈现红褐色。第5～7腹节背面有很密的小刻点9～10排，腹末生粗刺1对。

【生活史及习性】该类害虫中以小地老虎分布最广，为害最重，全国普遍发生。各类地老虎年发生代数和发生期因地区、气候条件而异。

地老虎以老熟幼虫在3～17厘米的土中越冬，以7～8厘米深处最多。越冬场所多在早播的冬麦地、冬菜地、苜蓿地、马铃薯地及休闲地，其次是玉米地和棉花地等。在田埂的向阳面越冬密度最大。翌年4月，老熟幼虫并不取食为害，而由越冬场所爬到土表3～5厘米处做蛹室在其中直立化蛹。5～6月为羽化盛期。

地老虎成虫昼伏夜出，对黑光灯有强烈趋性，对食糖、蜜、发酵物具明显趋性；对糖酒醋液的趋性以小地老虎最强，黄地老虎则无明显趋化性。卵多产在湿润的土表、植物幼嫩茎叶上和枯草根际处，散产或堆产。老龄幼虫具有假死性，受惊或被触动，立刻卷缩呈C形。三龄前的幼虫多在土表或植株上活动，昼夜取食叶片、心叶、嫩头、幼芽等部位，食量较小。三龄后分散入土，白天潜伏土中，夜间活动为害，常将作物幼苗齐地面处咬断，造成缺苗断垄。黄地老虎在东北地区1年发生2代，西北地区2～3代，华北地区3～4代。一般5～6月和8～9月两个为害高峰期作物受害重。黄地老虎喜产卵于低矮植物近地面的叶片上。

【防治方法】

1.农业防治　秋耕冬灌，杀伤越冬虫源，减少来年虫源；清洁田园，清除杂草，破坏产卵环境，减少落卵量；对育苗地进行精耕细耙，苗期结合松土，加强田间中耕除草，可大量降低虫口密度；春播作物适当早播，秋播作物适当晚播，可避过地老虎产卵高峰期，减轻为害；苗期灌水淹杀幼虫。

2.物理防治　诱杀成虫，在成虫盛发期，利用黑光灯进行诱杀。诱杀幼虫，于5月中旬，用酸模、旋花、灰菜、苜蓿、白菜叶等柔嫩多汁植物诱杀，铡成半寸左右，在傍晚堆放于地表，每堆直径0.5米，次日清晨人工捕杀杂草堆下的地老虎幼虫。

3.化学防治　药剂防治要掌握在三龄以前，这个时期地老虎的抗药性较差，并且尚未入土，暴露在植株或地面上。可用90%晶体敌百虫0.25千克，加水4～5千克，喷到翻炒过的20千克菜饼或棉籽饼内做成毒饵，傍晚撒在植株周围，每亩用毒饼20千克。或是在幼虫三龄前，用90%晶体敌百虫1 000倍液或2.5%溴氰菊酯乳油2 000倍液进行喷雾灭杀，或者在幼虫盛发期向地面喷洒50%辛硫磷1 500 ～ 2 000倍液，以地表土层湿润为宜。

4.生物防治　利用姬蜂、茧蜂等天敌防治黄地老虎。

蛴　螬

蛴螬是金龟甲（*Holotrichia oblita* Fald）的幼虫，别名白地蚕、白土蚕、大头虫、老母虫、核桃虫。成虫通称为金龟甲或金龟子。属鞘翅目，金龟甲总科。蛴螬种类繁多，仅山西省已查明的就有近140多种；分布广泛，内蒙古、宁夏、甘肃、青海、河南、河北、山西、陕西、山东、江苏、江西、安徽等省份均有分布。各地优势种类也有所不同，而华北大黑鳃金龟是发生广、为害重的主要优势种之一，可为害各种经济作物30多种。

【为害状】以成虫取食寄主地上部分，以幼虫取食根部以下，造成断根、缺苗，削弱长势。

【形态特征】

成虫：华北大黑鳃金龟黑褐色至黑色，有光泽，鞘翅上有4条隆起线。

幼虫：体长35 ～ 45毫米，全体多皱褶，静止时体呈C形。头部大而圆，黄褐色，体壁较柔软多皱，体表疏生细毛，胸腹部乳白色，具胸足3对，有假死性。

蛴螬幼虫及为害胡萝卜状

蛹：预蛹体表皱缩无光泽，蛹为黄白色，椭圆形，尾节具突起1对。

华北大黑鳃金龟成虫
(引自陆俊娇)

华北大黑鳃金龟蛹
(引自陆俊娇)

【生活史及习性】2年1代，以幼虫或成虫在土中越冬，成虫即金龟甲，白天藏在土中，晚上8:00～9:00进行取食等活动。蛴螬有假死性和负趋光性，并对未腐熟的粪肥有趋性。蛴螬始终在地下活动，发生与土壤温湿度关系密切。当10厘米土温达5℃时开始上升到土表，13～18℃时活动最盛，23℃以上则往深土中移动，至秋季土温下降到其活动适宜范围时，再移向土壤上层。

成虫交配后10～15天产卵，产在松软湿润的土壤内，以水浇地最多，每头雌虫可产卵100粒左右。

【防治方法】

1. 农业防治　深翻土地，精耕细作，破坏成虫的越冬场所，减少来年虫源数量；科学施肥，未腐熟的土杂肥和秸秆中藏有金龟甲的卵和幼虫，通过高温腐熟后大部分卵和幼虫能被杀死，所以猪粪、厩肥等农家肥必须经过腐熟后方可使用；适当进行作物的合理轮作，可较大程度减轻为害；可在田边、地头、村边、沟渠附近的零散空地点种蓖麻，蓖麻中含蓖麻素，可毒杀取食的金龟子。

2. 物理防治　使用频振式杀虫灯诱杀。

3. 化学防治　可采用药剂土壤处理，用50%辛硫磷乳油每亩200～250克，加水10倍喷于25～30千克细土上拌匀制成毒土，顺垄条施，随即浅锄，或将该毒土撒于种沟或地面，或者用5%辛硫磷颗粒剂，每亩2.5～3千克处理土壤；药剂拌种处理，用50%

辛硫磷乳油、水、种子按1：30：（400～500）的比例拌种；施毒饵诱杀，每亩地用35%辛硫磷胶囊剂150～200克拌谷子等饵料5千克，或50%辛硫磷乳油50～100克拌饵料3～4千克，撒于种沟中。

蝼 蛄

蝼蛄俗名拉拉蛄、土狗。属昆虫纲，直翅目，蝼蛄科。其中，分布最广泛为害最重的种类有华北蝼蛄（*Gryllotalpa unispina* Saussure）又名单刺蝼蛄和东方蝼蛄（*G. orientalis* Burmeister）又名非洲蝼蛄。全国大部分地区均有分布。蝼蛄食性杂，可为害谷物、蔬菜及树苗等。

【为害状】蝼蛄营地下生活，吃新播的种子，咬食作物根部，为害幼苗，将地下嫩苗根部取食成丝丝缕缕状，还在苗床土表下开掘隧道，使幼苗根部脱离土壤，失水枯死。

【形态特征】触角短于体长，前足宽阔粗壮，适于挖掘，缺产卵器。

1.华北蝼蛄

成虫：体长为36～50毫米，雌大雄小，黄褐色，前胸背板中央有1个暗红斑点，心形凹陷不明显，前足为开掘足，后足胫节背面内侧有1根刺或没有。

若虫：与成虫相似。

卵：椭圆形，孵化前为深灰色。

2.东方蝼蛄

成虫：体长为30～35毫米，雌大雄小，灰褐色，全身密被细毛，头圆锥形，触角丝状，前胸背板卵圆形，中间具有一明显的暗红色长心形凹陷斑。前足为开

东方蝼蛄成虫
（引自郭书普）

掘足，后足胫节背面内侧具有3～4个刺。腹末具有1对尾须。

若虫：与成虫相似。

卵：椭圆形，最初为乳白色，孵化前为暗紫色。

【生活史及习性】蝼蛄一般昼伏夜出，午夜前后取食，具趋光性、喜湿性，对香甜气味及新鲜马粪具趋性。成虫多于沿河地块、低洼地、田埂边产卵。

华北蝼蛄：约3年1代，以成虫、若虫在土内越冬，入土可达70毫米左右。第二年春天开始活动，在地表形成长约10毫米松土隧道，此时为调查虫口的有利时机，4月份是为害高峰期，9月下旬为第二次为害高峰期。三龄若虫开始分散为害，如此循环，第三年8月份羽化为成虫，进入越冬期。其食性很杂，为害盛期在春秋两季。

东方蝼蛄：多数1～2年1代，以成虫、若虫在土下30～70毫米处越冬。3月份越冬虫开始活动为害，在地面上形成一松土堆，4月份是为害高峰，地面可出现纵横隧道，其若虫孵化3天即开始分散为害，秋季形成第二个为害高峰，严重为害秋播作物。在秋末冬初部分羽化为成虫，而后成虫、若虫同时入土越冬。

【防治方法】

1.农业防治　施用厩肥、堆肥等有机肥料要充分腐熟，可减少蝼蛄的产卵。

2.物理防治　用黑光灯、振频灯等诱杀蝼蛄；或用马粪坑诱杀蝼蛄，挖40厘米见方深坑，傍晚放新鲜马粪1～1.5千克，上面盖青草，第二天清晨移开盖草进行人工捕杀；挖窝毁卵（夏锄），消灭蝼蛄。

3.化学防治　用毒土、毒饵进行毒杀，每亩用50%辛硫磷乳油250～300毫升，对水稀释1 000倍左右，拌细土25～30千克制成毒土，每隔数米挖一坑，坑内放入毒土再覆盖好；也可用炒好的谷子、麦麸、谷糠等，制成毒饵，于苗期撒施田间进行诱杀，并及时清理死虫。根部灌药，在受害植株根际或苗床浇灌50%辛硫磷乳油500倍液或90%晶体敌百虫800倍液，8～10天1次，连续施2～3次。

金 针 虫

金针虫是鞘翅目叩头虫科幼虫的总称,别名铁丝虫、铁条虫等,属鞘翅目,叩头虫科。该虫是一类重要的地下害虫,为害较重的主要有:沟金针虫(*Pleonomus canaliculatus* Faldemann)、细胸金针虫(*Agriotes fuscicollis* Miwa)、宽背金针虫(*Selatosomus latus*)、褐纹金针虫(*Melanotus caudex*)。

沟金针虫主要分布区域北起辽宁,南至长江沿岸,西到陕西、青海,旱作区的粉沙壤土和粉沙黏壤土地带发生较重;细胸金针虫从东北北部,到淮河流域,至内蒙古以及西北等地均有发生,但以水浇地、潮湿低洼地和黏土地带发生较重;褐纹金针虫主要分布于华北;宽背金针虫分布于黑龙江、内蒙古、宁夏、新疆。

寄主范围广,可为害麦类、玉米、高粱、谷子、麻类、薯类、豆类、棉花、萝卜、瓜类等作物及各种蔬菜的幼芽和种子,还可为害杂草、苗木根等。

【为害状】幼虫咬食刚播下的种子,食害胚乳使其不能发芽,如已出苗可为害须根、主根的地下部分,使幼苗枯死。主根受害部不整齐,还能蛀入肉质根。

【形态特征】成虫体黑或黑褐色,体形细长或扁平,具有梳状或锯齿状触角。胸部着生3对细长的足,前胸腹板具1个突起,可纳入中胸腹板的沟穴中。头部能上下活动似叩头状,故俗称叩头虫。幼虫体细长,圆筒形,25~30毫米,体表坚硬,蜡黄色或褐色,并有光泽,末端有两对附肢。根据种类不同,幼虫期1~3年,蛹期约3周。

1. 沟金针虫

成虫:肛支柱分节,外侧各有1个齿刺。上颚镰刀形,无齿,尾突尖上弯,内有1个小分枝,背板平台上有短的纵沟纹2条,刻点粗深。雌雄异型,雌虫栗褐色,体长14~17毫米,宽4~5毫米，细长圆筒形略扁，体壁坚硬而光滑，全身密被金黄色细毛。头部扁平，额上密布刻点，头顶呈三角形凹陷。触角细长，锯齿状，11～12节，长约为前胸的两倍。雄虫体长14～18毫米，宽3.5毫米，触角丝状，12节。

幼虫：初孵时乳白色，头部与尾节淡黄色，后变为黄色至金黄色，体长1.8～2.2毫米，老熟幼虫体长20～30毫米，宽4毫米，体表坚硬，有光泽，体形宽而略扁平，体节宽大于长；头部黄褐色扁平，上唇前缘呈齿状突起，由胸背至第8腹节

沟金针虫幼虫
（引自陆俊娇）

背面正中有一明显的细纵沟；末节每侧有3个齿状突起，末端分为尖锐而向上弯曲的二叉，每叉之内侧各有1小齿。

卵：乳白色，近椭圆形，长约0.7毫米，宽约0.6毫米。

蛹：长纺锤形，雌蛹16～22毫米，宽4.5毫米。雄蛹长15～19毫米，宽3.5毫米，初蛹淡绿色，后渐变深至褐色。

2. 细胸金针虫

成虫：体长8～9毫米，宽2.5毫米，体形细长扁平，暗褐色，密被灰黄色短毛，并有光泽。头、胸部黑褐色，鞘翅、触角和足红褐色，光亮。触角细短，前胸背极长，后角尖锐；鞘翅狭长，末端趋尖，每翅具9行深的封点沟。

幼虫：淡黄色，细长，圆筒形，有光泽；末龄幼虫体长23毫米，体宽约1.5毫米；头扁平，口器深褐色，末节的末端呈圆锥形；近基部的背面两侧各有1个褐色圆斑和4条褐色纵纹。

卵：乳白色，近圆形。

蛹：体长8～9毫米，浅黄色。

细胸金针虫幼虫
（引自陆俊娇）

3.宽背金针虫

成虫：体长9.2～13毫米，宽2.5毫米，体形粗短宽厚，黑色，前胸和鞘翅带有青铜色或蓝色色调。头部具粗大刻点，触角暗褐色而短。鞘翅宽，适度凸出，端部具宽卷边，纵沟窄，有小刻点，沟间突出。足棕褐色，腿节粗壮，后跗节明显短于胫节。

幼虫：体扁宽，棕褐色，末龄幼虫体长20～22毫米。腹部背片不显著凸出，有光泽，具隐约可见的背光线，腹部第9节端部变窄，背片具圆形略凸出的扁平面，上覆有2条向后渐近的纵沟和一些不规则的纵皱，其两侧有明显的龙骨状缘，每侧有3个齿状结节。尾节末端分叉，缺口呈横卵形，开口约为宽径的一半。左右两叉突大，每一叉突的内枝向内上方弯曲；外枝如钩状，向上，在分枝的下方有2个大结节：一个在外枝和内枝的基部，一个在内枝的中部。

蛹：体长约10毫米。初蛹乳白色，后变白带浅棕色，羽化前复眼变黑色，上颚棕褐色。前胸背板前缘两侧各具1个尖刺突，腹部末端钝圆，雄蛹臀节腹面具瘤状外生殖器。

4.褐纹金针虫

成虫：第9腹节背面前部有4条纵纹，后半部有褐纹，并密布粗大而深的点刻。

幼虫：体细长，黑褐色，被灰色短毛，头部黑色向前凸，密生刻点，触角暗褐色，第2节、第3节近球形，第4节较第2节和第3节长，前胸背板黑色，刻点较头上的小后缘角后突。末龄幼虫体圆筒形，褐具光泽。

褐纹金针虫
(引自张利军)

【生活史及习性】金针虫的生活史很长，需2～5年才能完成1代，以各龄幼虫或成虫在地下越冬，越冬深度因地区和虫态不同，约在20～85厘米间。在整个生活史中，以幼虫期最长。

沟金针虫约需2～3年完成1代，3月中旬至4月中旬为活动盛期。成虫白天多潜伏于表土内，夜间在土中交尾产卵。卵散产，以在土中3～7厘米处较多，卵于5月上旬开始孵化。因生活历期较长，幼虫发育不整齐，有世代重叠现象。老熟幼虫8～9月在地下13～20厘米处化蛹，9月初羽化，羽化的成虫不出土，当年进入越冬，翌年3～4月上升活动，4月上旬为卵盛孵期。雌虫无飞翔能力，有假死性，雄虫飞翔能力强，有趋光性。适宜的土壤湿度为15%～25%。

细胸金针虫在北方地区3年完成1代，以幼虫和成虫在土中过冬。成虫昼伏夜出，白天潜伏在寄主作物田间表土中，或田边杂草、土块下，夜晚在地面活动交尾。土壤湿润对细胸金针虫活动有利；成虫对腐烂的禾本科杂草有趋性，7月份为成虫产卵盛期，卵多产于地表，卵期为8～21天。幼虫喜潮湿及偏酸性土壤环境，为害盛期的最适土温为7～13℃，土温上升至17℃时停止为害。蛹多在7～10厘米深的土层中。6月中下旬羽化为成虫，成虫活动能力较强。幼虫耐低温能力强。在北方地区4月平均气温在0℃以上时，即开始上升到表土层为害。夏季温度高时为害轻，秋季较为严重。

宽背金针虫需4～5年才能完成1代。

褐纹金针虫需3年完成1代，幼虫共7龄，老熟幼虫在20～40厘米土层越冬，翌年5月上旬土温17℃，气温7～16℃时越冬成虫开始出土，成虫活动适温20～27℃，下午活动最盛。

【防治方法】

1. 农业防治　主要方法为合理施肥、精耕细作、合理间作或套种、轮作倒茬、做好翻耕暴晒，减少越冬虫源；不使用未处理的生粪肥，加强田间管理，清除田间杂草，减少害虫食物来源，经常保持环境湿润也可减轻虫害。

2. 生物防治　利用一些植物杀虫活性物质防治地下害虫：如油桐叶、蓖麻叶的水浸液，以及乌药、马醉木、苦皮藤、臭椿等的茎、根磨成粉后防治地下害虫。若金针虫成虫已经出土，可以利用性信息素诱集。

3. 物理防治　利用成虫的趋光性，用黑光灯诱杀金针虫成虫，在开始盛发和盛发期间在田间地头设置黑光灯，诱杀成虫，减少田间卵量；利用成虫对新枯萎的杂草有极强的趋性，可采用堆草诱杀；也可以用糖醋液诱杀成虫。另外，羊粪对金针虫具有驱避作用。

4. 化学防治　在播种时，用5%辛硫磷颗粒剂拌细土，翻入土中，可毒杀幼虫；种苗出土或栽植后可用上述药物撒施并掩入表土中；春秋两季时可用50%敌百虫拌细土撒于土壤表面或锄入土壤表层。

草 地 螟

草地螟（*Loxostege sticticalis* Linne），别名黄绿条螟、甜菜网螟，俗称罗网虫、吊吊虫或网锥额野螟。属昆虫纲，鳞翅目，螟蛾科。主要分布于东北、西北、华北地区。草地螟为多食性害虫，可取食35科200余种植物。主要寄主为甜菜、大豆、向日葵、马铃薯、麻类、高粱、豌豆、扁豆、瓜类、甘蓝、茴香、胡萝卜、葱、洋葱、玉米、苜蓿等。以幼虫为害，是一种突发性很强、具有较强迁飞能力的害虫，还具有集中为害、迅速扩散、成群转移等特点。

【为害状】为害状与虫龄相关，初孵幼虫一般会取食叶肉，并残留在叶片表皮；二至三龄幼虫一般会群集在心叶内为害；三龄幼虫的取食量逐渐增大，并从三龄开始结网，三龄幼虫能够吃光叶片；四至五龄幼虫为暴食期，能够将成片作物的叶片吃光。

草地螟为害胡萝卜状

【形态特征】

成虫：体长约10～12毫米，翅展18～20毫米。全身呈暗褐色。成虫前翅呈灰褐色，前翅靠近前端中间部位有一块斑，斑的颜色较淡，形状似方形，前翅外缘有黄色点状条纹，近前缘中部有"八"字形黄白色斑，近顶角处有一长形黄白色斑；后翅灰色，沿外缘有两条平行的波状纹。

草地螟成虫
（引自山西植保所昆虫馆）

幼虫：共5龄。一龄幼虫身体呈亮绿色，长约1.5～2.5毫米，头宽约0.25～0.3毫米；二龄幼虫呈污绿色，并可见多行黑色刺瘤，体长约3～5.5毫米，头宽约0.3～0.5毫米；三龄幼虫呈暗褐色或深灰色，体长约8～10毫米，头宽约0.55～0.75毫米；四龄幼虫呈暗黑或暗绿色，体长约10～12毫米，头宽约1毫米；五龄幼虫呈暗黑或暗绿色，体长约19～25毫米，头宽约1.25～1.5毫米。

卵：长约0.8～1.0毫米，呈椭圆形，初产的卵有光泽，呈乳白色，随着生长逐渐变成黄色，待即将孵化时则变成黑色。

蛹：黄褐色，长约15毫米，蛹腹部末端生长8根刚毛，蛹外面被泥沙及丝质口袋形的茧包被，茧长约20～40毫米。

【生活史及习性】我国每年发生1～4代，北方地区每年发生2～4代，以老熟幼虫在土内吐丝作茧越冬。翌春5月化蛹及羽化。成虫飞翔力弱，喜食花蜜，卵散产于叶背主脉两侧，常3～4粒在一起，以距地面2～8厘米的茎叶上最多。初孵幼虫多集中在枝梢上结网躲藏，取食叶肉，三龄后食量剧增。成虫具远距离迁飞习性。

草地螟初孵化一龄幼虫即开始为害，初孵幼虫具吐丝下垂的习性，遇触动即后退或前移，无假死性；二至三龄进入为害盛期，三龄以上进入暴食期；四至五龄幼虫一般不吐丝下垂，当遇到振动或触动时，迅速掉落于植株其他部位或地表。大量的幼虫可迅速吃光作物、牧草，然后向邻近农田迁移，所到之处几乎寸草不留。高龄幼虫为害具隐蔽性，可在叶子背面和心叶里吐丝结成厚厚的丝网，并潜在网内为害。丝网可以遮挡农药和寄生天敌的侵害，给防治带来困难。成虫活动高峰期在夜间20时至次日凌晨3时，喜在藜科、蓼科、菊科、禾本科等杂草上产卵。产卵活动多发生在夜间，白天一般不产卵，卵块呈覆瓦状。

【防治方法】

鉴于草地螟具有迁飞性、周期性、突发性和群集性为害的特点，给防治带来巨大的困难，总结有关报道及基层防治经验，可将其归纳为以下几点：

1. 预测预报 一要严密监测虫情，加大调查力度，增加调查范围、面积和作物种类，发现低龄幼虫达到防治指标，要立即组织开展防治。二要认真抓好幼虫越冬前的跟踪调查和普查。

2. 农业防治 由于草地螟食性杂，所以应及时铲除田边杂草，可消灭部分虫源，秋耕或冬耕还可消灭部分在土壤中越冬的老熟幼虫。

3. 物理防治 利用草地螟成虫的趋光性，采用黑光灯诱杀成虫，以压低草地螟的种群数量。

4. 化学防治 在草地螟三龄前实施防控，尽量减少对天敌的伤害。推行"统一时间、统一用药"的方法。在幼虫为害期喷洒菊酯类或复配制剂，如：10%联苯菊酯乳油1 500倍液、2.5%高效氟氯氰菊酯微乳剂2 000倍液、4.5%高效氟氯氰菊酯微乳剂2 000倍液、25%高氯辛乳油1 500倍液、21%氰戊菊酯·马拉硫磷（氰马）乳油1 500倍液等。在某些龄期较大幼虫集中为害的田块，当药剂防治效果不好时，可在该田块四周挖沟或打药带封锁，防止扩散为害。

5. 生物防治 利用赤眼蜂，选择在成虫产卵盛期放蜂，每亩放蜂0.3万～2万头，间隔5～6天放1次，共计2～3次，防治效果较好，能够达到70%～80%；利用生物制剂，如颗粒体和多角体病毒、苏云金杆菌、白僵菌等，进行喷雾防治。

甜 菜 夜 蛾

甜菜夜蛾 [*Spodoptera exigua* (Hübner)] 俗称白菜褐夜蛾，玉米叶夜蛾，别名贪夜蛾。属鳞翅目，夜蛾科。是一种世界性分布、间歇性大发生的以为害蔬菜为主的杂食性害虫。在我国20多个省、直辖市、自治区发生为害，区域覆盖华南、华东、华中、华北、西南及西北等地。主要为害蔬菜、棉花、花生、烟草、玉米、大豆等35科108属138种作物，尤以甘蓝、大白菜、芹菜、胡萝卜、芦笋、苋菜、辣椒、花椰菜、茄子、芥蓝、番茄、菜心、小白菜、青花菜、菠菜、萝卜、毛豆等多种蔬菜受害最重。

【为害状】初孵幼虫群集叶背，吐丝结网，在叶内取食叶肉，留下表皮，成透明的小孔；三龄后可将叶片吃成孔洞或缺刻，严重时仅余叶脉和叶柄，致使菜苗死亡，造成缺苗断垄，甚至毁种。三龄以上幼虫还可钻蛀青椒、番茄果实。

甜菜夜蛾幼虫及为害状
（引自山西省农科院数字图书馆）

【形态特征】

成虫：体长10～14毫米，翅展25～34毫米；体灰褐色；前翅中央近前缘外方有肾形斑1个，内方有圆形斑1个，后翅银白色。

幼虫：共5～6龄。体色变化很大，有绿色、暗绿色、黄褐色、黑褐色等，腹部体侧气门下线为明显的黄白色纵带，有时呈粉红色。

卵：圆馒头形，白色，表面有放射状的隆起线。

甜菜夜蛾成虫

蛹：体长10毫米左右，黄褐色。

【生活史及习性】各虫态的发育进度与温度有一定关系，发育温度20～30℃，最适温度25～30℃，卵历期一般为2～5天，幼虫历期12～24天，蛹历期4～10天。冬季长期低温对幼虫越冬不利，日平均气温低于2℃时，幼虫大量死亡。幼虫一般在中午气温较高时取食为害。人工饲养条件下，蛹、成虫均不能安全越冬。

成虫昼伏夜出，有强趋光性和弱趋化性，大龄幼虫有假死性，老熟幼虫入土吐丝化蛹。初孵幼虫在叶背群集吐丝结网，食量小，三龄后分散为害，四龄起食量大增，四至五龄幼虫占幼虫全期食量的85%～92%，是为害暴食期，白天潜于植株下部或土缝中，傍晚移出取食为害，为害叶片成孔缺刻，严重时，可吃光叶肉，仅留叶脉，甚至剥食茎秆皮层，稍受震扰吐丝落地，有假死性，高龄幼虫可相互残杀。

在虫口密度大、气温高又缺乏食料时，有成群迁移的习性。迁飞过程中可能初次起飞日龄为羽化后2日龄，条件合适时可停止迁飞进行生殖；生殖过程中如有不利的环境条件，仍然具有再次迁飞的可能。一般严重为害期多为7～9月。各虫态耐高温能力强，幼虫、蛹抗寒性弱。

【防治方法】

1. 农业防治　主要方法为清洁田园，作物收获后，及时铲除杂草和残株落叶带出田外集中处理，以减少虫源；摘除卵块，根据卵块多产在叶背、其上有白色绒毛覆盖易于发现，且一、二龄幼虫集中在产卵叶或其附近叶片上为害的特点，结合田间操作摘除卵块；捕杀幼虫，利用其假死性，在作物定植时进行震落并捕杀，晚秋初冬耕地灭蛹；有条件的地方可进行水旱轮作，压低虫源田的发生基数，减轻为害。

2. 物理防治　利用甜菜夜蛾的趋光性和趋化性，在7～10月份用黑光灯、性诱剂、杨树枝把等诱杀成虫，能明显降低卵密度和幼虫数量。

3. 化学防治 在甜菜夜蛾大发生时，化学防治是降低为害损失的有效途径，根据高龄幼虫具有耐药性强、昼伏夜出及假死性等特点，在化学防治上要掌握三点：一是早治，三龄以上幼虫的抗药性明显增强，因此要集中在三龄前防治；二是轮换交替使用农药，选择高效、低毒农药，如5%氟啶脲乳油、2.5%多杀霉素悬浮剂、10%虫螨腈悬浮剂、20%虫酰肼悬浮剂等1 000～1 500倍液；三是巧治，由于甜菜夜蛾具有怕光性，昼伏夜出，所以防治时间应选在凌晨或傍晚前后为宜，重点对叶背、心叶和根部进行喷雾。

胡萝卜地种蝇

胡萝卜地种蝇 [*Delia floralis* (Fallen)] 又名萝卜种蝇、萝卜蝇、白菜蝇，幼虫叫根蛆、地蛆。属双翅目，花蝇科。东北、华北、西北均有分布。胡萝卜地种蝇为寡食性害虫，主要为害油菜、白菜、萝卜等十字花科蔬菜。

【为害状】以幼虫为害胡萝卜肉质根，蛀食表皮，虫孔纵向，

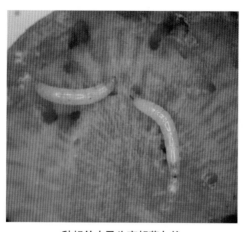

种蝇幼虫及为害胡萝卜状

使个别受害部表皮发黑。老熟幼虫在根内穿成隧道，常因为细菌感染而发生软腐病。

【形态特征】

成虫：雌成虫体长6～7.5毫米，灰黄褐色，胸、腹部背面无斑纹，两复眼间距较宽，约为头宽的1/3；雄成虫略小于雌虫，体暗褐色，胸部背面有3条明显的黑色纵纹，腹部背中央有1条黑色纵纹，各腹节间均为黑色横纹，两复眼比较接近，两眼间最狭部分为中单眼宽度的2倍或更大。雌、雄前翅基背毛几乎和背中毛等长。

幼虫：俗称蛆。老熟幼虫体长约7毫米，乳白色，头退化，仅具有1对黑色口钩，腹末端截面上具1对椭圆形红色气门和6对肉质突起，其中第5对大且两分叉。

卵：长约1毫米，乳白色，长椭圆形稍弯曲，弯内有1条纵凹陷，表面具网状纹。

蛹：围蛹，体长约6毫米，长椭圆形，红褐色或黄褐色，腹部末端可见6对突起。

【生活史及习性】萝卜地种蝇在各地均1年发生1代，以蛹在土中滞育越冬。第二年成虫羽化，羽化的早晚因地区不同而异。一般越偏北方出现得越早，约8～9月成虫羽化，幼虫为害期在9月至10月中旬，10月中下旬老熟幼虫入土化蛹越冬，直至翌年秋季羽化。幼虫为害期35～40天。成虫白天活动，畏强光，多在日出或日落前后取食，成虫羽化时需要一定的湿度，一般在小雨过后羽化整齐。羽化初期雄虫多，后期雌虫多，如果田间雌雄虫出现比例接近1：1（羽化中期）时，则为羽化高峰期，此时也是防治适期。成虫对糖醋等酸甜物质及腐败物质有趋性，可用这些物质作引诱剂，引诱成虫进行预测预报。成虫羽化后7～10天产卵，多产在外基部或土表面，每头雌虫产卵百余粒。幼虫孵化后4～16小时即可蛀入寄主组织内为害。

8月份多雨潮湿有助于羽化及孵化，发生较重；在地势低洼、排水不良的菜地比地势较高、干燥、通风良好的地块受害重；含腐殖质高的土壤、黏重土壤比沙壤土受害重；重茬地受害重，生地或换茬地受害轻；萝卜地种蝇不适宜在腐败物质和粪肥上生活。

【防治方法】以农业防治为基础，化学防治为重点。因胡萝卜地种蝇对胡萝卜的为害盛期在贮藏期，而贮藏期的胡萝卜不宜使用化学农药，故应以前期预防为主。

1. **农业防治**　①精选种子催芽处理。②合理施肥，禁止使用生粪做肥料，施用腐熟的粪肥和饼肥，施肥时做到均匀、深施，最好做底肥，且种、肥隔离；或施肥后立即覆土，或在施入的粪肥中拌入一定量的具有触杀和熏蒸作用的杀虫剂作成毒粪。③科学灌水，浇水播种时覆土要细致，不使湿土外露。发现种蝇幼虫为害时，及时进行大水漫灌数次，可有效控制蛆害。④清洁田园，胡萝卜收获后及时清除田间残株落叶。

2. **物理防治**　在成虫发生期，用糖醋液诱杀成虫，将糖、醋、水按1∶1∶2.5的比例混合，再加入少量敌百虫配制成毒液，糖醋盆（口径33厘米）内先放入少许锯末，加盖，盆距地面15～20厘米。每天在成虫活动时间开盖，及时检查诱集虫数和雌雄比，并注意补充和更换诱剂。当盆内诱蝇数量突增或雌雄比接近1∶1时，是成虫发生盛期，应在5～10天内立即防治。

3. **化学防治**　①土壤处理，在重发区，作物播种或定植前，可用50%辛硫磷乳油0.2升/亩，拌300～375千克细土撒施于播种沟（穴）内，然后播种或毒土盖种。②根据虫情调查的结果，在越冬前胡萝卜种蝇发生期开展化学防治。喷雾防治常用药剂有：1.8%阿维菌素乳油3 000倍液、2.5%溴氰菊酯乳油3 000倍液、5%氟虫脲乳油2 000倍液、75%灭蝇胺可湿性粉剂2 000倍液、50%毒死蜱乳油2 000倍液、10%溴氰菊酯·马拉硫磷（溴·马）乳油2 000倍液。浇灌或灌根：90%晶体敌百虫1 000倍液、50%辛硫磷乳油1 000倍液、48%毒死蜱乳油1 000倍液、50%马拉硫磷乳油1 000倍液，或用50%毒死蜱乳油1 500倍液浇灌，可用去掉雾化片的喷雾器沿胡萝卜植株灌入土中。

双斑萤叶甲

双斑萤叶甲 [*Monolepta hieroglyphica*（Motschulsky）] 又名双斑长跗萤叶甲，俗称舔虫。属鞘翅目、叶甲科、萤叶甲亚科。为突发性害虫，有为害作物种类多、为害期长、繁殖快和群集性的特点。主要分布于黑龙江、吉林、辽宁、内蒙古、河北、山西、浙江、湖北、湖南、四川、贵州、陕西、甘肃、宁夏等省份。主要为害棉花、高粱、玉米、谷子、豆类、苜蓿、马铃薯、胡萝卜、茼蒿、十字花科蔬菜、杏、苹果等。

【为害状】取食寄主叶片，轻者在叶片上残留不规则白色网状斑和孔洞，重者整个叶片干枯。

【形态特征】

成虫：体长3.6～4.8毫米，宽2.0～2.5毫米，长卵形，棕黄色，具有光泽；触角11节丝状，端部色黑，长为体长2/3；复眼卵圆形；前胸背板宽大于长，表面隆起，密布很多细小刻点；小盾片黑色呈三角形；鞘翅布有线状细刻点，成虫两个鞘翅基部

双斑萤叶甲成虫
（引自山西植保所昆虫馆）

各有一个大的淡黄色斑，四周黑色，淡色斑后外侧多不完全封闭，其后面黑色带纹向后突伸成角状。两翅后端合为圆形，后足胫节端部具1长刺；腹管外露。卵椭圆形，长0.6毫米，初为棕黄色，表面具网状纹。

幼虫：体长5～6毫米，白色至黄白色，11节，体表具瘤和刚毛，前胸背板颜色较深。

卵：椭圆形，长0.6毫米，棕黄色，表面具网状纹。

蛹：白色，长2.8～3.5毫米，宽2毫米，表面具有刚毛。

【生活史及习性】在河北、山西1年发生1代，以散产方式将卵产于表土下越冬。翌年5月上中旬孵化，幼虫共3龄，幼虫期30天左右，自孵化后一直在土中活动，或取食作物根部及杂草根。以老熟幼虫在土中化蛹，蛹期10天左右，7月初始见成虫，成虫期3个多月，初羽化的成虫喜在地边杂草上活动，约经过15天转移到豆类、玉米、高粱、谷子、杏树、苹果树上为害，7～8月进入为害盛期，大田收获后，转移到十字花科蔬菜上为害，尤其喜食十字花科蔬菜。对农作物的为害主要是成虫期。成虫有群集性和弱趋光性，在一株上自上而下地取食，日光强烈时常隐蔽在下部叶背或花穗中。成虫飞翔力弱，一般只能飞2～5米，早晚气温低于8℃或风雨天喜躲藏在植物根部或枯叶下，气温高于15℃成虫活跃，成虫羽化后经20天开始交尾。

【防治方法】

1. 农业防治　秋季深翻、冬灌、平整土地、铲除田间地头及沟渠等处寄主杂草或喷施除草剂除草，消灭虫卵，减少翌年的虫口基数；加强田间管理，促健苗、壮苗，合理密植，合理施肥，避免田间郁闭。

2. 物理防治　双斑萤叶甲活动力强时采用人工和机械网捕捉，可有效降低其虫口基数。

3. 化学防治　在成虫盛发期，应及时用菊酯类农药全面喷洒植株和田边地头的杂草。可喷施20%氰戊菊酯乳油2 000倍液，或2.5%高效氯氟氰菊酯乳油2 000倍液，也可喷洒50%辛硫磷乳油1 500倍液，隔7天再用药1次，可有效控制该虫为害。最佳防治时期为7月中下旬至8月中下旬的成虫盛发期。

赤　条　蝽

赤条蝽［*Graphosoma rubrolineata*（Westwood）］属昆虫纲，半翅目，蝽科。此虫喜于伞形花科蔬菜上为害。在东北、华北、西北、华东、华南及西南诸山区均有分布。主要为害胡萝卜、茴香等伞形科植物及萝卜、白菜、葱、洋葱等。

【为害状】成虫、若虫常栖息在寄主植物的叶片、花蕾及嫩荚上吸取汁液，使植株生长衰弱，造成种子畸形、干缩，影响产量。

【形态特征】

成虫：长椭圆形，体长10～12毫米，宽约7毫米，体表粗糙，有密集刻点。全体红褐色，其上有黑色条纹，纵贯全长。头部有两条黑纹。触角5节，棕黑色，基部两节红黄色，喙黑色，基部隆起。前胸背板较宽大，两侧中间向外突，略似菱形，后缘平直，其上有6条黑色纵纹，两侧的2条黑纹靠近边缘。小盾片宽大，呈盾状，前缘平直，其上有4条黑纹，黑纹向后方略变细，两侧的两条位于小盾片边缘。体侧缘每节具黑、橙斑纹相间。体腹面黄褐色或橙黄色，其上散生许多大黑斑。足黑色，其上有黄褐色斑纹。

赤条蝽成虫
(引自张利军)

卵：长约1毫米，卵粒有盖，呈水桶形，初期乳白色，后变浅黄褐色，卵壳上被白色绒毛。

若虫：末龄若虫体长8～10毫米，体红褐色，其上有纵条纹，外形似成虫，无翅仅有翅芽，翅芽达腹部第3节，侧缘黑色，各节有橙红色斑。成虫及若虫的臭腺发达。遇敌时即放出臭气。

【生活史及习性】赤条蝽成虫不善飞行，爬行迟缓，在早晨有露水时更不活动，害怕阳光，太阳出来后，大部分隐蔽在叶片背面。成虫交配时间在上午9时以前及傍晚，此时也是该虫为害的高峰期。

赤条蝽在我国各地均有发生，各地均1年发生1代，以成虫在田间枯枝落叶里、杂草丛中、石块下、土缝里越冬。4月下旬成虫开始活动，5月上旬至7月下旬成虫交配并产卵，6月上旬至8月中旬越冬成虫陆续死亡。若虫于5月中旬至8月上旬孵化，7月上旬陆续羽化为成虫，10月中旬以后陆续开始越冬。成虫白天活动。卵多产于叶片和嫩荚上，块状，排列整齐，一般排列2行，每块卵约10粒。初孵若虫群聚在卵壳附近，从二龄开始分散为害，8～9月为害严重。若虫共5龄。

【防治方法】

1. 农业防治　冬季清除田间枯枝落叶及杂草，沤肥或烧掉；秋季（或冬季）对发生重的田块进行耕翻，要彻底、全面，可消灭部分越冬虫态（也可兼治其他虫害），同时由于前作的枯枝败叶及田间杂草被翻到土中，也消灭了早春孳生场所。在种植面积少时，可人工捉虫摘卵。

2. 化学防治　在若虫期或成虫刚迁入蔬菜田时防治1～2次，可用50%辛硫磷乳油1 000倍液，或5%氟虫腈悬浮剂2 000～3 000倍液、2.5%氯氟氰菊酯乳油1 000倍液、25%噻虫嗪水分散粒剂6 000～8 000倍液、48%毒死蜱乳油1 000～1 500倍液等喷雾，间隔7～10天。在搞好预测预报的前提下，在卵孵化盛期，用1%阿维菌素乳油2 000倍液均匀喷雾，防治效果较好。

胡萝卜微管蚜

胡萝卜微管蚜［*Smiaphis heraclei*（Takahashi）］属半翅目，蚜科。在陕西、宁夏、河北、北京、吉林、辽宁、山东、河南、四川、浙江、江苏、江西、福建、台湾、广东、云南等地均有分布。寄主广泛，第1寄主为金银花、黄瓜、忍冬、金银木、楹树等，第2寄主为芹菜、茴香、香菜、胡萝卜、白芷、当归、香根芹、水芹等多种伞形科植物。

【为害状】成虫、若虫刺吸寄主茎、叶、花的汁液，造成叶片卷缩，植物生长不良或枯萎死亡。胡萝卜受害后常成片枯黄。

【形态特征】有翅蚜体长1.6毫米，覆白粉。触角第3节很长，腹管短，弯曲，尾片圆锥形，有毛6～8根。无翅蚜体长2.1毫米，黄绿色，被薄粉，触角上有瓦纹，各节有短毛，腹管短而弯曲。尾片圆锥形，有微刺状瓦纹，上有细长曲毛6～7根。

胡萝卜微管蚜为害状

（引自邱强）

【生活史及习性】北方地区春、秋发生严重。1年发生20余代，终年发生，秋季种群数量较多，为害严重，可使胡萝卜心叶停止生长，并传播胡萝卜黄化病毒病。

【防治方法】

1.农业防治　冬季清园，将枯枝深埋或烧毁，清除杂草，减少虫口基数。

2.物理防治　利用黄皿、黄板诱蚜，或利用有翅蚜对银灰色的驱避作用，在露地和保护地地表覆盖银灰色地膜，抑制有翅蚜的着落和定居，减少蚜虫传播病毒病。

3.生物防治　以保护和利用自然天敌为主，其天敌有瓢虫、食蚜蝇、草蛉等。在日常防治中尽量选择专一性强的药剂以保护这些天敌。除此之外，还可应用人工繁殖草蛉、食蚜蜂等方式控制蚜虫。具体方法是在蚜虫发生初期每次释放食蚜瘿蚊5 000～6 000头/亩，连续释放3次。在蚜虫数量上升迅速、蚜量较大时释放瓢虫成虫，释放量应视田间具体虫量而定，蚜虫和瓢虫的比例以50：1为宜。

4.化学防治　早春可在越冬蚜虫较多的越冬芹菜或附近其他蔬菜上施药，防止有翅蚜迁飞扩散。在发生期，可喷10%吡虫啉可湿性粉剂2 000～3 000倍液，或3%啶虫脒乳油2 000倍液、25%噻虫嗪水分散粒剂5 000～10 000倍液或20%杀灭菊酯乳油3 000倍液，每7～10天喷1次，连续喷数次。喷药要均匀，主要喷在叶背和心叶背面。

其 他 害 虫

（一）蚂蚁

蚂蚁为多态型的社会昆虫，属节肢动物门，昆虫纲，膜翅目，蚁科。多为害萝卜、白菜、甘蓝、芥菜、茄子、辣椒、番茄等。

【为害状】主要以工蚁咬食胡萝卜叶柄基部，破坏叶片输导组织，致叶片枯黄甚至死亡。

蚂蚁为害胡萝卜状

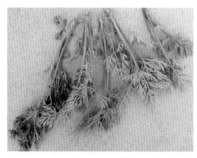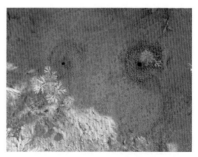

蚂蚁咬断的胡萝卜叶柄基部　　　　　分布于胡萝卜田的蚂蚁窝

【形态特征】蚂蚁是完全变态型的昆虫。卵约0.5毫米长，呈不规则的椭圆形，乳白色。幼虫呈蠕虫状半透明。成虫体小，体长0.5～2.5厘米，颜色有黑、黄、红、白等，蚂蚁的外部形态分头、胸、腹三部分，具6条足。体壁具有弹性，且光滑或有微毛。口器咀嚼式，上颚发达。触角膝状，柄节很长，末端2～3节膨大。全触角分4～13节。腹部呈结节状。有的蚂蚁有翅，有的蚂蚁无翅。前足的距大，呈梳状，为净角器（用于清理触角）。

【防治方法】

1.农业防治　铲除菜地等寄主附近的杂草、残株与瓜果。

2.生物防治　利用保幼激素类似物防治蚂蚁，即在饵料内配以保幼激素类似物，如定虫隆、甲氧保幼激素等，使用浓度一般为饵料重量的0.6%～1.5%。

3.化学防治　目前杀灭蚂蚁的化学药物多采用毒饵的方式给药。

（1）药饵诱杀，每15～20米^{2}放置2～6克1.1%的氯菊酯·乙酰甲胺磷毒饵（蚁蟑宁），10天内可使蚂蚁消失。

（2）喷雾防治，用90%以上敌百虫原液500～1 000倍液或0.1%除虫菊酯煤油溶剂喷雾。

（二）尺蠖

尺蠖（*Geometridae*）为无脊椎动物，属于昆虫纲，鳞翅目，尺蛾科。全世界约有12 000种，我国约有43种。

【为害状】以幼虫为害蔬菜、果树、茶树、桑树、棉花和林木等。初孵幼虫取食幼芽为害，幼虫稍大后食量大增，取食叶片，被害叶片残缺不全，发生严重时，整枝叶片全部食光，影响植株的生长发育。

尺蠖幼虫

【形态特征】形似小枝或叶柄，以叶为食，常严重伤害或损毁树木。尺蠖幼虫身体细长，行动时一屈一伸像个拱桥，休息时，身体能斜向伸直如枝状。完全变态。成虫翅大，体细长有短毛，触角丝状或羽状，亦称为尺蛾。

【生活史及习性】尺蠖一般1年发生3代，个别年份发生4代，以蛹在土中或树皮缝隙间越冬。4月中旬成虫开始出现并产卵。第1代在4月下旬至5月上中旬，第2代在5月下旬至6月上中旬，第3代在6月下旬至7月上中旬，第4代在7月下旬至8月上中旬。成虫多于傍晚羽化，羽后当天即可交尾，夜间产卵，可多达成百上千粒。同虫所产之卵80%在同一天孵化，孵化时间多在19～21时，孵化率在90%以上，成虫趋光性弱，白天隐伏于树丛中，受惊时作短距离飞行。幼虫期共5龄，经15～25天老熟，幼虫孵化后即开始取食，一至二龄时只取食叶肉，留下叶脉。三至四龄后食成缺刻状。五龄后食量倍增，取食量占幼虫期的90%以上，三龄前幼虫白天静伏于叶柄或小枝上，很少取食，受到振动后即吐丝下垂。老熟幼虫多在白天吐丝下垂或直接掉在地面，进入松土内化蛹。蛹所在的位置一般为土表下3～5厘米，一般数十头至数千头集中在一起。

【防治方法】

1. 农业防治　在冬初上冻前，可人工挖蛹集中销毁，来切断虫源；利用幼虫的吐丝下垂习性及假死性，在幼虫为害期用震荡、喷水等方法使其坠地集中消灭；利用幼虫老熟时在背阴处静伏的特性，进行人工捕捉。

2. **物理防治**　利用雄成虫趋光的习性，在成虫发生期设置黑光灯诱杀，降低虫口密度。

3. **化学防治**　选用90%晶体敌百虫800 ~ 2 000倍液，或50%辛硫磷乳油1 000 ~ 1 500倍液、2.5%溴氰菊酯乳油2 000 ~ 3 000倍液等杀虫剂对植株喷雾。

三、胡萝卜田杂草

旱型两栖蓼

旱型两栖蓼（*Polygonum amphibium* L.var. *terretre* Leyss Fl.Hal）属蓼科。主要分布在吉林、辽宁、河北、山西、陕西、山东等地。可危害小麦、棉花、豆类、蔬菜及幼树。

【形态特征】多年生草本，根茎发达，节部生根。茎直立或斜上，高20～40厘米，基部有分枝，被长硬毛。叶互生，具短柄；叶片宽披针形或披针形，先端急尖，基部近圆形，两面密生短硬毛，全缘，有缘毛；托叶鞘筒状，密生长硬毛。穗状花序顶生或腋生，花绿白或淡红色。瘦果卵圆形，有钝棱，成熟时呈深褐色。

旱型两栖蓼——苗

【发生规律】生于农田、路旁、沟渠等处。以根茎繁殖为主，种子也能繁殖，根苗秋季或次年春季出土。

连片旱型两栖蓼

藜

藜（*Chenopodium album* L.）属藜科，又名粉仔菜、灰条菜、灰灰菜等。分布广泛，在全球温带、热带以及中国各地均有分布。生于多种作物农田及蔬菜田中。

【形态特征】一年生草本。茎直立，高30～120厘米，多分支，有条纹。叶互生，具长柄；基部的叶片较大，多呈菱状或三角状，边缘有不整齐的浅裂；茎上部的叶片较狭窄，全缘或有微齿，叶背均有粉粒。圆锥花序由多束花簇聚合而成；花两性；花被片5片。胞果完全包于花被内或顶端稍露。种子双凸镜形，深褐色或黑色，具不明显沟纹。幼苗子叶2片，初生叶2片，长卵圆形。

【发生规律】生于路旁、荒地及田间。以种子繁殖。

藜——苗

反 枝 苋

反枝苋（*Amaranthus retroflexus* L.）属苋科，又名苋菜、野苋菜、西风谷。广泛分布于我国东北、华北、西北等地。主要危害棉花、花生、豆类、瓜类、薯类等多种旱作物。

【形态特征】一年生草本。茎直立，高20～80厘米，有分枝，稍显钝棱，密生短柔毛。叶互生，具长柄；叶片菱状卵形或椭圆状卵形，先端微凸或微凹，具小芒尖，两面和边缘有柔毛。圆锥花序顶生和腋生，花簇多刺毛；苞片和小苞片干膜质；花被片5片，白色，有1条淡绿色中脉。胞果扁球形，包裹在宿存的花被内，开裂。种子倒卵形至圆形、略扁，表面黑色，有光泽。幼苗上胚轴有毛，子叶2片，长椭圆形；初生叶1片，卵形。

反枝苋——苗

反枝苋
（引自张金龙）

【发生规律】生于农田、路边或荒地。反枝苋适应性极强，到处都能生长，不耐阴，在密植田或高秆作物中生长发育不好。种子繁殖，发芽适温15～30℃。

蒺　藜

蒺藜（*Tribulus terrestris* L.）属蒺藜科。在全国各地均有分布，长江以北更为普遍。对花生、棉花、豆类、薯类、蔬菜等作物危害较重。

【形态特征】一年生草本，全体被绢丝状柔毛。茎自基部分枝，平卧地面，长可达1米左右。羽状复叶互生；小叶长圆形，先端锐尖或钝，基部稍偏斜，近圆形，全缘；托叶披针形，小而尖。花单生于叶腋；萼片5片，宿存；花瓣5片，黄色；雄蕊10个。果实由5个果瓣组成，成熟后分离，每个果瓣有长短刺各1对，并有硬毛及瘤状突起，内含2～3粒种子。幼苗全体被柔毛；子叶2片，长圆形；初生叶1片，羽状复叶。

单株蒺藜

蒺藜

【发生规律】生于荒丘、田边及田间，以种子繁殖。

野 西 瓜 苗

野西瓜苗（*Hibiscus trionum* L.）属锦葵科，又名香铃草、小秋葵、山西瓜秧、野芝麻、打瓜花。在黑龙江、吉林、辽宁、内蒙古、天津、北京、河北、河南、山东、陕西、山西等省份均有分布。对棉花、瓜类、豆类等作物危害较重。

【形态特征】一年生草本。茎直立，高30～60厘米，多分枝，基部的分枝常铺散，具白色星状粗毛。叶互生，具长柄；叶片掌状3～5全裂或深裂；裂片倒卵形，通常羽状分裂，两面有星状粗刺毛。花单生于叶腋，小苞片12片，条形，具缘毛；花

单株野西瓜苗

萼钟状，裂片5片，膜质，有绿色条棱，棱上有紫色疣状突起；花瓣5片，白色或淡黄色，内面基部紫色。蒴果长圆状球形，有长毛。种子肾形，有瘤状突起。幼苗子叶2片，宽卵形或近圆形；初生叶1片，近方形，叶缘有钝齿；次生叶形状变化较大，3～5个浅裂至深裂。

【发生规律】路旁、田埂、荒坡、旷野等处常见，适生于湿润肥沃的土壤中，但也较耐旱。4～5月出苗，花果期6～8月，以种子繁殖。野西瓜苗抗旱、耐高温、耐风蚀、耐瘠薄，在干旱地区有很强的适应性。

打 碗 花

打碗花（*Calystegia hederacea* Wall.）属旋花科，又名旋花、小旋花、常春藤打碗花。在全国各地广泛分布。主要危害春小麦、棉花、豆类、甘薯、玉米、蔬菜以及果树。

【形态特征】多年生蔓性草本。嫩根白色，质脆易断。茎多自基部分枝，缠绕或平卧，有细棱，无毛。叶互生，具长柄；基部的叶片长圆状心形，全缘，上部的叶三角状戟形，侧裂片开展，通常2裂，中裂片卵状三角形或披针形，基部心形，两面无毛。花单生于叶腋；苞片2片，宽卵形，包住花萼；萼片5片，长圆形；花冠漏斗状，粉红色，直径2～2.5厘米。蒴果卵圆形。种子倒卵形。

单株打碗花

【发生规律】适生于湿润而肥沃的土壤，亦耐瘠薄、干旱。由于地下茎蔓延迅速，常成单优势群落，对农田的危害较严重，在有些地区成为恶性杂草。以根芽和种子繁殖。

苣荬菜

苣荬菜（*Sonchus brachyotus* DC.）属菊科，又名甜苣菜、荬菜、野苦菜、野苦荬、苦葛麻、苦荬菜、取麻菜、苣菜、曲麻菜。我国大部分地区均有分布，主要分布于河北、陕西、山西、辽宁、吉林、黑龙江、山东等地。寄主范围较广，对各种农作物均可为害，部分旱作物受害严重。

【形态特征】多年生草本，具长匍匐根。茎直立，高30～80厘米，上部分枝或不分枝。基生叶丛生，具柄，茎生叶互生，无柄，基部抱茎；叶片宽披针形或长圆状披针形，有稀疏缺刻或羽状浅裂，边缘具尖齿，两面无毛，幼时常为紫红色。头状花序顶生，直径25厘米；总苞片多层，密生绵毛；花全为舌状花，鲜黄色。瘦果长椭圆形，有纵棱和横皱纹，红褐色；冠毛白色。

苣荬菜——苗

苣荬菜

【发生规律】常见于农田、荒地、路旁。以根芽和种子繁殖。苣荬菜适应性广，抗逆性强，耐旱、耐寒、耐贫瘠、耐盐碱。

苦苣菜

苦苣菜（*Sonchus oleraceus* L.）属菊科，又名苦菜、苦苣。主

要分布于辽宁、河北、山西、陕西、甘肃、青海、新疆、山东、江苏、安徽、浙江、江西、福建等地。对棉花、豆类、小麦、蔬菜等作物危害严重。

【形态特征】二年生或一年生草本。茎直立，高30～100厘米，有条棱，无毛或上部有腺毛。基生叶丛生，茎生叶互生；叶片柔软无毛，大头羽状全裂或半裂，边缘有刺状尖齿，刺不棘手；下部的叶柄有翅，基部扩大抱茎，中上部叶无柄，基部扩大成戟耳形。

苦苣菜

头状花序在茎顶排列成伞房状；总苞钟状，下部常有疏腺毛；花全为舌状花，鲜黄色。瘦果长椭圆形，扁平，两面各有3条纵棱，棱间有不明显细皱纹；冠毛白色。

【发生规律】生于较湿润的农田或路旁，以种子繁殖。

苍　耳

苍耳（*Xanthium sibiricum* Patrin.）属菊科，别名卷耳、地葵、野茄。广泛分布于全国各地。棉花、豆类、蔬菜等作物受害严重。

【形态特征】一年生草木。茎直立，粗壮，多分枝，高30～100厘米，有钝棱及长条状斑点。叶互生，具长柄；叶片三角状卵形或心形，边缘浅裂或有齿，两面均被贴生的糙伏毛。花单性，雌雄同株；雄头状花序球形，淡黄绿色，密集枝顶；雌头状花序椭圆形，生于雄花序下方，

苍耳——苗

总苞有钩刺，内含2朵花。瘦果包于坚硬而有钩刺的囊状总苞中。幼苗粗壮；子叶椭圆披针形，肉质肥厚，基部抱茎；初生叶2片，卵形，基出3条脉明显。

【发生规律】生于山坡、草地、路旁。苍耳喜温暖稍湿润气候，耐干旱瘠薄。以种子繁殖，种子易混入农作物种子中，根系发达，入土较深，不易清除和拔出。

马　唐

马唐 [*Digitaria sanguinalis* (L.) Scop] 属禾本科，又名抓根草、鸡爪草、指草。广泛分布全国各地。为旱秋作物、果园、苗圃的主要杂草。

【形态特征】一年生草本，秆基部常倾斜，着土后易生根，高40～100厘米，光滑无毛。叶片条状披针形；叶鞘大都短于节间；叶舌膜质，先端钝圆。总状花序3～10枚，指状排列或下部的近于轮生；小穗通常孪生，一有柄，一无柄；第1颖微小，第2颖长约为小穗的一半或稍短于小穗，边缘有纤毛；第1外稃与小穗等长，有5～7脉，脉间距离不匀而无毛；第2外稃边缘膜质，覆盖内稃。颖果椭圆形，透明。

马　唐

【发生规律】马唐在低于20℃时，发芽慢，25～40℃发芽最快，种子萌发最适相对湿度63%～92%，喜湿喜光，潮湿多肥的地块生长茂盛，4月下旬至6月下旬发生量大，种子边成熟边脱落，生活力强。以种子繁殖。

白　茅

白茅 [*Imperata cylindrica*（L.）Beauv. var. *mojor*（Nees）C. E. Hubb.] 属禾本科，又名茅、茅针、茅根、茹根、兰根、地筋。广泛分布于全国各地。主要危害茶园、桑园、果园等。

【形态特征】多年生草本。匍匐根状茎，黄白色，有甜味。秆丛生，直立，高20～80厘米，具2～3节，节具长柔毛。叶片条形或条状披针形。叶背主脉明显突出；叶鞘无毛或上部边缘和鞘口具纤毛，老熟时基部常破碎成纤维状；叶舌膜质，钝头。圆锥花序圆柱状，分枝短而密集；小穗含2小花，仅第2小花结实，基部密生白色长丝状毛，将小穗完全隐藏。种子成熟后自小穗柄上脱落。

白茅——苗

白　茅

【发生规律】生于山坡、草地、路旁或田园中。适应性强，耐阴、耐瘠薄和干旱，喜湿润疏松土壤，在适宜的条件下，根状茎可长达2～3米以上，断节再生能力强。以根茎和种子繁殖。

狗　尾　草

狗尾草 [*Setaria viridis* (L.) Beauv.] 属禾本科，又名绿狗尾草、谷莠子、狗尾巴草。广泛分布于全国各地。寄主较广，主要危害麦类、谷子、玉米、棉花、豆类、花生、薯类、蔬菜、甜菜、马铃薯、苗木、果树等旱作物。

【形态特征】一年生草本。秆疏丛生，直立或基部膝曲上升，高30～100厘米。叶片条状披针形；叶鞘光滑，鞘口有柔毛；叶舌具长1～2毫米的纤毛。圆锥花序紧密呈圆柱状，直立或稍弯曲；刚毛绿色或变紫色；小穗椭圆形，长2～2.5毫米，两至数枚簇生，成熟后与刚毛分离而脱落；第1颖卵形，长约为小穗的1/3，第2颖与小穗近等长；第1外稃与小穗等长，具5～7脉，内稃狭窄；谷粒长椭圆形，先端钝，具细点状皱纹。颖果椭圆形，腹面略扁平。

狗尾草

【发生规律】生于农田、路边、荒地。以种子繁殖。种子发芽适宜温度为15～30℃。种子出土适宜深度为2～5厘米，土壤深层未发芽的种子可存活10年以上。北方4～5月出苗，以后随浇水或降雨还会出现出苗高峰；6～9月为花果期。一株可结上千粒种子。种子借风、灌溉浇水及收获物进行传播。种子经越冬休眠后萌发。适生性强，耐旱，耐贫瘠，酸性或碱性土壤均可生长。

牛 筋 草

牛筋草 [*Eleusine indica* (L.) Gaertn] 属禾本科，又名蟋蟀草、千千踏、忝仔草、粟仔越、野鸡爪、粟牛茄草。全国各地均有分布。对棉花、豆类、薯类、蔬菜、果树等作物危害较重。

【形态特征】一年生草本，秆丛生，斜升或偃卧，有时近直立，高15～90厘米。叶鞘压扁而具脊，鞘口具柔毛；叶舌短；叶片条形。穗状花序2～7枚，呈指状排列于秆顶，有时其中1或2枚单生于其花序的下方；小穗成双行密集于穗轴的一侧，含3～6朵小花，颖和稃均无芒；第1颖短于第2颖；第1外稃具3脉，有脊，脊上具狭翅；内稃短于外稃，脊上具小纤毛。囊果呈卵形，有明显波状皱纹。

牛筋草
（引自李渭长）

【发生规律】生于村边、旷野、田边。以种子繁殖。

黄 花 蒿

黄花蒿（*Artemisia annua* L.）属菊科，又名草蒿、青蒿、臭蒿、黄蒿、犾蒿等。广泛分布于全国各地。小麦、蔬菜、幼林等受害较重。

【形态特征】越年生或一年生草本。有臭味。茎直立，高50～150厘米，粗壮，上部多分枝，无毛。叶互生，基部及下部叶在花期枯萎；中部叶卵形，三次羽状深裂，裂片及小裂片长卵

黄花蒿

形或倒卵形，开展，基部裂片常抱茎，两面被短微毛；上部叶小，常一回羽状分裂。头状花序极多数，球形，有短梗，排列成复总状或总状花序，常有条形的苞叶；总苞无毛，总苞片2～3层；花黄色，筒状。瘦果倒卵形或长椭圆形，有细纵棱。幼苗子叶近圆形；初生叶2片，卵圆形，边缘有1～2齿或全缘。

【发生规律】生于农田和荒地中，以种子繁殖。

胡萝卜田杂草防治

【化学防除方法】

1. **播前土壤处理** 播种前，将药剂按比例配好后均匀喷洒于地表，可选用的药剂有：48%氟乐灵乳油100毫升/亩或48%双丁乐灵乳油200～300毫升/亩，喷药后要混土2～3厘米，以防蒸发，保证药效。

2. **播后苗前土壤处理** 可选用的除草剂有：33%二甲戊灵乳油150～200毫升/亩、50%扑草净可湿性粉剂100克/亩、72%异丙甲草胺乳油100毫升/亩。

3. **苗后茎叶处理** 有禾本科杂草集中发生时，在杂草2～5叶期，以喷雾法施用下列药剂：5%精喹禾灵乳油50～75毫升/亩、15%精吡氟禾草灵60～100毫升/亩、12.5%烯禾啶乳油60～80毫升/亩。

4. **注意事项** 胡萝卜田除草剂正式登记的产品少，忌盲目使用；各种除草剂对出苗均有一定影响；多雨、过湿、药量大均易造成药害；请按推荐使用剂量和方法使用。

附录 山西省地方标准

胡萝卜白粉病严重度分级及调查方法
（DB14/T752—2013）

1 范围

本标准规定了胡萝卜白粉病严重度分级及调查方法。

本标准适用于山西省范围内胡萝卜白粉病严重度分级及病情调查。

2 规范性引用文件

下列文件对于本文件的应用是必不可少的。凡是注日期的引用文件，仅所注日期的版本适用于本文件。凡是不注日期的引用文件，其最新版本（包括所有的修改单）适用于本文件。

GB/T 17980.30—2000 农药 田间药效试验准则（一） 杀菌剂防治黄瓜白粉病

GB/T 17980.119—2004 农药 田间药效试验准则（二） 杀菌剂防治草莓白粉病

GB/T 23222—2008 烟草病虫害分级及调查方法

3 术语和定义

下列术语和定义适用于本标准：

3.1 胡萝卜白粉病 carrot powdery mildew

症状：发病初期，幼叶或老叶上出现污白色、星点状霉层；后期病斑从下部叶片逐渐向上部叶片扩展。严重时白粉布满整个叶片，白色粉状物逐渐变为灰白色或灰褐色直至整个叶片枯死。

3.2 病原菌 pathogen

中文名称：蓼白粉菌。

拉丁学名：*Erysiphe polygoni* DC. sensu str。

3.3 样方 quadrat

样方也叫样本，从研究对象的总体中抽取出来的部分个体的集合。

3.4 五点随机取样法 five point random sampling

在总体中先确定对角线的中点作为中心抽样点，再在对角线上选择四个与中心样点距离相等的点作为样点；按梅花形取4个样方，每个样方的长和宽要求一致（见附录B）。

3.5 等距取样法 equidistant sampling method

将调查总体分成若干等份，抽样比率决定距离或间隔，然后按这一相等的距离或间隔抽取样方。

3.6 病情指数 disease index

将普遍率和病害严重度相结合，用一个数值全面反映植株群体发病程度。

$$DI = \frac{\sum (N_i \times i)}{M \times 9} \times 100 \quad \cdots\cdots\cdots\cdots\cdots \quad (1)$$

式中　DI —— 病情指数；

　　　N_i —— 各级病叶数（片）；

　　　i —— 相对应的严重度级数值；

　　　M —— 表示调查总叶数（片）。

3.7 盛发期 full incidence period

病害流行盛发期：此期间病害数量不断增大，寄主群体可侵染的位点逐渐减少。

4 胡萝卜白粉病严重度分级

严重度分级

胡萝卜白粉病严重度的分级：依据该病害特点及叶片特征，以羽状复叶为单位，按病斑面积占叶片面积的百分比来划分分级：

0级，叶片上无病斑；

1级，病斑面积占整个叶面积小于等于5%；

3级，病斑面积占整个叶面积6%～10%；

5级，病斑面积占整个叶面积11%～20%；

7级，病斑面积占整个叶面积21%～40%；

9级，病斑面积占整个叶面积41%以上。

以上胡萝卜白粉病严重度分级参考国家标准（GB/T 23222—2008、GB/T 17980.30—2000、GB/T 17980.119—2004）。

5 调查方法

5.1 调查时间

病情调查记载时间为：胡萝卜黑腐病发病盛发期（参考国家标准 GB/T 23222—2008）。

5.2 取样方法

5.2.1 五点取样

当调查总体为非长条形时，以田块四角对角线交叉点为中心抽样点，再选择中心抽样点至每一角的中间4个点，共5个抽样点。每个样方长3.3米、宽1.1米（见附录A）。

统计原则：计上不计下，计左不计右（推荐使用五点取样法）。

5.2.2 等距取样

5.2.2.1 样本间隔行距

病圃试验田总行数除以取样点数。如病圃总行数是20行，取5点，则样本间隔行数为4行（20÷5）。第一个取样点为间隔行一半处（4÷2），即第2行处，每4行（间隔行）为下一个调查点。

5.2.2.2 样本纵向间隔

病圃试验田长除以取样点数求得样本纵向间隔距离。如病圃试验田长30米，取5点。则样本纵向间隔距离为6米（30÷5）。第一个取样点为纵向间隔距离的一半处（6÷2），即第3米处。

由此上述事例各个调查样点位置为：第一点为第2行距离地头3米处，以调查样点为中心，调查面积为3.6米^2（长3.3米、宽1.1米）方形样方；第二点为第6行距离地头9米处，以调查样点为中心，调查面积为3.6米^2（长3.3米、宽1.1米）方形样方；第三点为第10行距离地头15米处，以调查样点为中心，调查面积为3.6m^2（长3.3米、宽1.1米）方形样方；第四点为第14行距离地头

21米处，以调查样点为中心，调查面积为3.6m^2（长3.3米、宽1.1米）方形样方；第五点为第18行距离地头27米处，以调查样点为中心，调查面积为3.6m^2（长3.3米、宽1.1米）方形样方。

当调查总体为长条形时，采用等距取样法。统计原则：计上不计下，计左不计右。

5.3 调查部位

调查每个样方所有胡萝卜的叶片。

5.4 调查方法

选择晴天下午，有经验的植保工作者，采用目测法调查胡萝卜黑腐病病斑面积占叶片面积的比例（以羽状复叶为单位），依据上述分级记录病级（见4.1、附件B）。

5.5 计算方法

依据记录结果，计算出小区病情指数（见3.6）。

附　录　A
（资料性附录）

胡萝卜白粉病严重度分级田间调查记载表

年　月　日

地址：

记载人：

联系方式：

级别	重复1	重复2	重复3
0级			
1级			
3级			
5级			
7级			
9级			

附 录 B

（资料性附录）

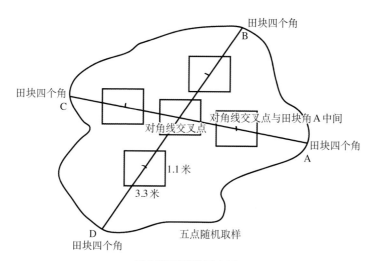

五点随机取样示意图

胡萝卜叶部黑腐病严重度分级及调查方法

（DB14/T753—2013）

1 范围

本标准规定了胡萝卜黑腐病叶部病斑严重度分级及其调查方法。

本标准适用于评价山西省范围内胡萝卜黑腐病叶部病斑严重度分级及病情调查。

2 规范性引用文件

下列文件对于本文件的应用是必不可少的。凡是注日期的引用文件，仅所注日期的版本适用于本文件。凡是不注日期的引用文件，其最新版本（包括所有的修改单）适用于本文件。

GB/T 23222—2008　烟草病虫害分级及调查方法。

3 定义

下列术语和定义适用于本标准：

3.1 胡萝卜黑腐病 carrot black rot

症状：叶片发病，呈暗褐色斑，严重的致叶片枯死。叶柄发病，病斑长条状、梭形、长条形斑，病斑边缘不明显；湿度大时表面密生黑色霉层。肉质根发病，根头部形成不规则形或圆形稍凹陷黑斑，严重时病斑扩展，深达内部，肉质根变黑腐烂。

3.2 病原菌 pathogen

中文名称：胡萝卜黑腐交链孢。

拉丁学名：*Alternaria radicina* Meier，Drechsler & E. D. Eddy。

3.3 样方 quadrat

样方也叫样本，从研究对象的总体中抽取出来的部分个体的集合。

3.4 五点随机取样法 five point random sampling

在总体中先确定对角线的交叉点作为中心抽样点，再在对角线上选择四个与中心样点距离相等的点作为样点，按梅花形取4个样方，每个样方的长和宽要求一致（见附录B）。

3.5 等距取样法 equidistant sampling method

将调查总体分成若干等份，抽样比率决定距离或间隔，然后按这一相等的距离或间隔抽取样方。

3.6 病情指数 disease index

将普遍率和病害严重度相结合，用一个数值全面反映植株群体发病程度。

$$DI = \frac{\sum (N_i \times i)}{M \times 9} \times 100 \quad \cdots\cdots\cdots\cdots\cdots (1)$$

式中　DI —— 病情指数；

　　　N_i —— 各级病叶数（片）；

　　　i —— 相对应的严重度级数值；

　　　M —— 表示调查总叶数（片）。

3.7 盛发期 full incidence period

此期间病害数量不断增大，寄主群体可侵染的位点逐渐减少。

4 胡萝卜叶部黑腐病严重度分级

严重度分级

叶片严重度分级（以羽状复叶为单位）：

0级：叶柄上无病斑；

1级：叶柄上有病斑1～4个；

3级：叶柄上有病斑5～8个；

5级：叶柄上有9个以上病斑，1～2个叶梢枯死，1～2个分枝枯死；

7级：3个以上分枝枯死，上部1/3以上叶梢枯死；

9级：整片羽状复叶枯死。

以上胡萝卜黑腐病叶部病斑严重度分级参考国家标准GB/T 23222—2008。

5 调查方法

5.1 调查时间

胡萝卜黑腐病发病盛发期（参考国家标准GB/T 23222—2008）。

5.2 取样方法

5.2.1 五点取样

当调查总体为非长条形时，以田块四角对角线交叉点为中心抽样点，再选择中心抽样点至每一角的中间4个点，共5个抽样点。每个样方的长3.3米、宽1.1米（见附录B）。

统计原则：计上不计下，计左不计右（推荐使用五点取样法）。

5.2.2 等距取样

5.2.2.1 样本间隔行距

病圃试验田总行数除以取样点数。如病圃总行数是20行，取5点，则样本间隔行数为4行（20÷5）。第一个取样点为间隔行一半处（4÷2），即第2行处，每4行（间隔行）为下一个调查点。

5.2.2.2 样本纵向间隔

病圃试验田长除以取样点数求得样本纵向间隔距离。如病圃试验田长30米，取5点。则样本纵向间隔距离为6米（30÷5）。第一个取样点为纵向间隔距离的一半处（6÷2），即第3米处。

由此上述事例各个调查样点位置为：第一点为第2行距离地头3处，以调查样点为中心，调查面积为3.6米^2（长3.3、宽1.1）方形样方；第二点为第6行距离地头9处，以调查样点为中心，调查面积为3.6米^2（长3.3、宽1.1）方形样方；第三点为第10行距离地头15处，以调查样点为中心，调查面积为3.6米^2（长3.3、宽1.1）方形样方；第四点为第14行距离地头21处，以调查样点为中心，调查面积为3.6米^2（长3.3、宽1.1）方形样方；第五点为第18行距离地头27处，以调查样点为中心，调查面积为3.6米^2（长3.3、宽1.1）方形样方。

当调查总体为长条形时，采用等距取样法。统计原则：计上不计下，计左不计右。

5.3 调查部位

调查每个样方所有胡萝卜的叶片。

5.4 调查方法

选择晴天下午，有经验的植保工作者，采用目测法调查胡萝卜黑腐病叶片病斑个数（以羽状复叶为单位），依据上述分级记录病级（见4.1、附件A）。

5.5 计算方法

依据记录结果，计算出小区病情指数（见3.6）。

附　录　A
（资料性附录）
胡萝卜黑腐病叶部严重度分级田间调查记载表

年　月　日

调查地点：			
记载人：			
联系方式：			
级别	重复1	重复2	重复3
0级			
1级			
3级			
5级			
7级			
9级			

附 录 B
（资料性附录）

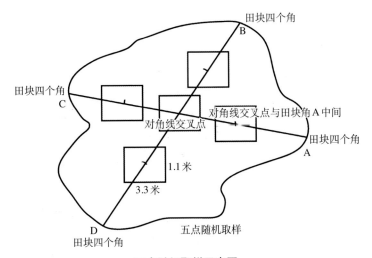

五点随机取样示意图

胡萝卜品种抗黑腐病评价方法
（DB14/T751—2013）

1 范围

本标准规定了胡萝卜品种抗黑腐病评价方法。

本标准适用于山西省范围内胡萝卜品种抗黑腐病田间鉴定。

2 规范性引用文件

下列文件对于本文件的应用是必不可少的。凡是注日期的引用文件，仅所注日期的版本适用于本文件。凡是不注日期的引用文件，其最新版本（包括所有的修改单）适用于本文件。

GB/T 23222—2008　烟草病虫害分级及调查方法

GB/T 23224—2008　烟草品种抗病性鉴定

3 术语和定义

下列术语和定义适用于本标准：

3.1 胡萝卜黑腐病 carrot black rot

症状：叶片发病，呈暗褐色斑，严重的致叶片枯死。叶柄发病，病斑长条状、梭形、长条形斑，病斑边缘不明显；湿度大时表面密生黑色霉层。肉质根发病，根头部形成不规则形或圆形稍凹陷黑斑，严重时病斑扩展，深达内部，肉质根变黑腐烂。

3.2 病原菌 pathogen

中文名称：胡萝卜黑腐交链孢。

拉丁学名：*Alternaria radicina* Meier，Drechsler & E. D. Eddy。

3.3 病情指数 disease index

将普遍率和病害严重度相结合，用一个数值全面反映植株群体发病程度。

$$DI = \frac{\sum (N_i \times i)}{M \times 9} \times 100 \quad \cdots\cdots\cdots\cdots (1)$$

式中　DI —— 病情指数；

　　　N_i —— 各级病叶数（片）；

　　　i —— 相对应的严重度级数值；

　　　M —— 表示调查总叶数（片）。

3.4 相对抗病性指数 relative resistance index

以感病品种作为对照品种，同一生长条件下将供试品种的病情指数与对照品种病情指数相比较，计算相对抗病性指数。

$$RRI = \ln \left(\frac{X}{1-X} \right) - \ln \left(\frac{Y}{1-Y} \right) \quad \cdots\cdots (2)$$

式中　X —— 对照品种病情指数/100；

　　　Y —— 供试品种病情指数/100；

　　　RRI —— 相对抗病性指数。

3.5 盛发期 full incidence period

此期间病害数量不断增大，寄主群体可侵染的位点逐渐减少。

4 鉴定方法

4.1 病圃

采用田间成株期鉴定。选择老灌区、地势低洼、胡萝卜黑腐病常发田块做病圃。每年春季将上年干燥保存的带黑腐病原菌的胡萝卜茎、叶切成 2 ～ 3 厘米残段，均匀撒在病圃。

4.2 试验设计

鉴定材料采用随机区组排列，重复3次，每重复为一区组。对照品种年度间一致，群体遗传性稳定。

4.3 鉴定材料栽培管理

4.3.1 种子处理

播前7 ～ 10天将种子晾晒1 ～ 2天，搓去种子刺毛，然后把种子放入50 ～ 55℃温水中浸泡25分钟，再在常温水中浸泡4 ～ 8

小时，沥干水分，直接播种。

4.3.2 播种期

露地栽培4月播种。

4.3.3 播种量

每亩用种0.8～1.5千克。

4.3.4 播种方法

垄作每垄播两行，按18～20厘米行距条播，播种深度1.5～2.0厘米，覆土后镇压。

4.3.5 田间管理

4.3.5.1 间苗定苗

第1～2片真叶时第1次间苗，保持株距3厘米；第3～4片真叶时第2次间苗，保持株距6厘米；第5～6片真叶定苗，保持株距10厘米。

4.3.5.2 浇水

发芽期浇水2～3次，土壤最大持水量维持在65%～80%。前期应及时浇水，使土壤经常保持湿润，后期适当控制浇水次数。每次浇水要均匀，忌田间积水，要注意排水防涝。

5 品种抗病性评价

5.1 黑腐病严重度分级

叶片严重度分级（以羽状复叶为单位）：

0级：叶柄上无病斑，

1级：叶柄上有病斑1～4个；

3级：叶柄上有病斑5～8个；

5级：叶柄上有9个以上病斑，1～2个叶梢枯死，1～2个分枝枯死；

7级：3个以上分枝枯死，上部1/3以上叶梢枯死；

9级：整片羽状复叶枯死。

以上胡萝卜黑腐病叶部病斑严重度分级参考国家标准GB/T 23222—2008。

5.2 抗病性类型

胡萝卜黑腐病抗病性类型划分（参考国家标准 GB/T 23224—2008），选取胡萝卜黑腐病高感品种贝卡作为对照品种。

表1　相对抗病性指数分级表

相对抗病性指数	≥2.0	1.5≤~<2.0	1.0≤~<1.5	0.5≤~<1.0	<0.5
分级	高抗	抗病	中抗	感病	高感

5.3 调查及分析方法

5.3.1 调查时间

病情调查记载时间为：胡萝卜黑腐病发病盛发期（参考国家标准 GB/T 23222—2008）。

5.3.2 调查部位

调查每个样方所有胡萝卜的叶片。

5.3.3 调查方法

选择晴天下午，有经验的植保工作者，采用目测法调查胡萝卜黑腐病叶片病斑个数（以羽状复叶为单位），依据上述分级记录病级（见5.1、附件A）。

5.3.4 计算方法

依据记录结果，计算出鉴定品种病情指数、相对抗病性指数（见3.3、3.4）。

5.3.5 分析方法

计算、分析各个鉴定品种的相对抗病性指数，依据胡萝卜黑腐病抗病性类型（见5.2），明确鉴定品种抗病类型。

附 录 A
（资料性附录）

胡萝卜黑腐病叶部严重度分级田间调查记载表

年 月 日

调查地点：

记载人：

联系方式：

供试品种：

级别	重复1	重复2	重复3
0级			
1级			
3级			
5级			
7级			
9级			

参考文献

安建会 . 2012. 枣尺蠖的发生为害及其防治措施 [J]. 科学种养 (8):33-34.

白云河 . 2011. 双斑萤叶甲的发生与防治 [J]. 农村科学实验 (11):14.

曾士迈, 王沛友, 张万义 . 1981. 相对抗病性指数——小麦抗锈性定量鉴定方法改进之一 [J]. 植物病理学报, 11(3):9-14.

陈宏亮, 李雪峰, 潘占兵 . 2010. 双斑萤叶甲防治研究进展 [J]. 宁夏农林科技 (6):143-144.

邓志刚, 薛俊华, 宋威 . 2012. 沟金针虫的生活习性及防治 [J]. 国土绿化 (1):43.

方中达 . 1998. 植病研究方法 [M]. 北京:中国农业出版社 .

封云涛, 李长松, 李林, 等 . 2011. 胡萝卜根结线虫病防治药效筛选试验 [J]. 山西农业科学, 39(8):856-857.

高桥英一, 吉野 . 2002. 新版植物营养元素缺乏与过剩诊断原色图谱 [M]. 长春:吉林科学技术出版社 .

关琳 . 2011. 草地螟的发生特点与防治技术 [J]. 吉林农业 (6):108.

郭东红 . 2012. 蝼蛄的发生规律及防治措施 [J]. 种业导刊 (12):30.

郭景芬 . 2002. 苗期立枯病的发生及防治 [J]. 农村科学实验 (4):21.

郭赵娟, 吴焕章, 陈焕丽, 等 . 2009. 胡萝卜春季繁种主要病虫害的发生与防治 [J]. 农家参谋 (12):10.

何永梅, 谢梦纯 . 2014. 夏季高温多雨应防胡萝卜白绢病 [J]. 农药市场信息 (15):45.

贺献林, 李春杰, 王丽叶, 等 . 2013. 北柴胡赤条蝽的发生与防治 [J]. 现代农村科技 (1):27.

胡尊松 . 2010. 花生蛴螬发生规律及综合防治技术分析 [J]. 现代农业 (12):36-37.

黄红慧, 李景照, 查道成 . 2012. 影响柴胡高效生产的主要病虫害及其防治 [J].

内蒙古中医药(12):47.

姜月菊,刘英智,郑建强,等.2001.赤条蝽在胡萝卜制种田发生为害与防治[J].
植保技术与推广(5):13.

蒋玉文.2001.萝卜地种蝇[J].新农业(8):36-37.

解宗军,陈宇飞,李立军.2004.胡萝卜、大蒜贮藏期病害发生原因及防治对策
[J].北方园艺(6):70-71.

李海波,张付平.2008.甘肃酒泉制种胡萝卜黑腐病的发生与防治[J].农业科技
与信息(3):19-20.

李焕娣.2010.地老虎发生规律与综合防治[J].农村科技(7):39.

李雷,韩子龙.2009.萝卜地种蝇的发生与常用防治药剂的比较[J].农技服务,
26(2):50-51.

刘德荣,谢丙炎,朱国仁,等.1998.灰霉病菌(*Botrytis cinerea*)对杀菌剂抗药
性研究进展[C]//植物保护21世纪展望暨第三届全国青年植物保护科技工作
者学术研讨会文集.北京:中国植物保护学会生物入侵分会:172-178.

刘士旺.1998.真菌形态的几种观察方法[J].生物学通报,33(10):45.

陆致平,陈小萍,刘于成,等.2000.甜菜夜蛾的发生规律及其防治策略[C]//走
向21世纪的中国昆虫学——中国昆虫学会2000年学术年会论文集.北京:中
国昆虫学会:664-667.

罗真,陈建平.2008.5种药剂防治胡萝卜黑腐病效果试验初报[J].甘肃农业科
技(11):12-19.

吕佩珂,苏慧兰,高振江,等.2008.中国现代蔬菜病虫原色图鉴[M].呼和浩特:
远方出版社.

马改转,修建华,魏兰芳,等.2009.胡萝卜软腐欧文氏菌分子检测技术的研究
[J].华南农业大学学报(3):22-26.

马英杰.2014.绿叶类蔬菜虫害的综合防治措施[J].吉林蔬菜(8):26.

欧承刚,庄云飞,赵志伟,等.2009.胡萝卜主要病害及抗病育种研究进展[J].中
国蔬菜(4):1-6.

潘成荣,赵建成.2011.原平市双斑萤叶甲的发生规律调查及防治办法[J].农业
技术与装备(22):33-34.

彭博.2007.北方地区细胸金针虫的特征识别与防治方法[N].中国花卉报:10-13.

屈年华 . 2011. 辽西地区黄地老虎生物学特性观察及防治[J]. 吉林农业(9):74.

Samuel F. J., 王探应 . 1987. 蔬菜白绢病综合防治的问题和进展[J]. 国外农学·植物保护(2):7-10.

司升云, 周利琳, 王少丽, 等 . 2012. 甜菜夜蛾防控技术研究与示范——公益性行业(农业)科研专项"甜菜夜蛾防控技术研究与示范"研究进展[J]. 应用昆虫学报, 49(6):1432-1438.

苏定昌, 张友明 . 2010. 胡萝卜根结线虫病的防治措施[J]. 安徽农学通报, 16(17):128, 160.

孙艾萍, 朱秀红, 高源, 等 . 2006. 甜菜夜蛾的防治技术[J]. 陕西农业科学(5):184.

孙君明 . 2005. 不同菌核病（*Sclerotinia sclerotiorum*）分离物的形态学、致病性和遗传多样性研究[D]. 北京:中国农业大学 .

孙霞 . 2006. 链格孢属真菌现代分类方法研究[D]. 泰安:山东农业大学 .

王迪轩, 谢梦纯 . 2014. 防治胡萝卜花叶病毒病要先治好蚜虫[J]. 农药市场信息(8):43.

王迪轩 . 2012. 怎样识别与防治胡萝卜灰霉病[J]. 农药市场信息(29):44.

王迪轩 . 2013. 怎样识别与防治胡萝卜菌核病[J]. 农药市场信息(2):48.

王就光 . 1982. 蔬菜白绢病[J]. 农业科技通讯(6):32.

王素芬 . 2011. 忻府区玉米田小地老虎发生为害规律及防治对策[J]. 现代农业(2):36.

王枝荣, 辛明远, 马德慧 . 1990. 中国农田杂草原色图谱[M]. 北京:中国农业出版社 .

吴郁魂, 梁捷之 . 2008. 宜宾市胡萝卜主要害虫及其防治[J]. 植物医生(3):21-22.

武社梅, 王磊, 王瑞芳 . 2014. 胡萝卜根结线虫病的发生与防治[J]. 种业导刊(12):22-23.

向琼, 李修炼, 梁宗锁, 等 . 2005. 柴胡主要病虫害发生规律及综合防治措施[J]. 陕西农业科学(2):39-41.

肖悦岩 . 2011. 双斑萤叶甲虫的防治[J]. 农药市场信息(17):40.

新农药——大黄素甲醚 . 2008. 农药信息与管理[M], 29(12):54.

徐华潮, 吴鸿, 周云娥, 等 . 2002. 沟金针虫生物学特性及绿僵菌毒力测定[J]. 浙江林学院学报(2):56-58.

徐永伟,彭红.2009.金针虫的发生规律与综合防治对策[C].//河南省植物保护学会、河南省昆虫学会、河南省植物病理学会.河南省植保学会第九次、河南省昆虫学会第八次、河南省植病学会第三次会员代表大会暨学术讨论会论文集.南阳:河南省植物保护学会、河南省昆虫学会、河南省植物病理学会:221-222.

杨立军,龚双军,杨小军,等.2010.大黄素甲醚对几种植物病原真菌的活性[J].农药,49(2):133-135,141.

杨旭英,陈新峰,吕备战,等.2010.十字花科蔬菜田根蛆的发生和防治[J].西北园艺(5):35-36.

远方,屈淑平,崔崇士,等.2004.一株新的胡萝卜软腐欧文氏菌的分离和鉴定[J].微生物学报,44(2):137-138.

张李香,范锦胜,王贵强.2010.中国国内草地螟研究进展[J].中国农学通报,26(1):215-218.

赵江涛,于有志.2010.中国金针虫研究概述[J].农业科学研究(3):49-55.

赵晓军,周建波,封云涛,等.2012.不同类型药剂对胡萝卜黑腐病的田间防治效果及增产作用[J].中国蔬菜(16):93-95.

赵晓军,周建波,殷辉.2014.胡萝卜白粉病防控措施[N].江苏农业科技报,09-03.

赵晓军,周建波,殷辉,等.2012.农药使用指南(八)—胡萝卜黑腐病的防治[J].中国蔬菜,(17):31.

赵晓军,周建波,殷辉,等.2012.农药使用指南(九)—胡萝卜软腐病[J].中国蔬菜(19):33.

赵晓军,周建波,殷辉,等.2012.农药使用指南(七)—胡萝卜白粉病的防治[J].中国蔬菜(15):32.

郑建秋.2004.现代蔬菜病虫鉴别与防治手册[M].北京:中国农业出版社.

中国农业科学院蔬菜花卉研究所.一种防治设施蔬菜土传病害的土壤消毒方法:中国,200510012204.8[P].2006-02-15.

中华人民共和国国家标准.2004.农药田间药效试验准则(二)[S].北京:中国标准出版社.

中华人民共和国国家标准. 2000. 农药田间药效试验准则(一)[S]. 北京: 中国标准出版社.

周建波, 赵晓军, 封云涛, 等. 2012. 胡萝卜白粉病病情分级标准的建立及其防治药剂筛选[J]. 农药(6):455-456.

周建军, 赵利刚. 2011. 小地老虎发生规律及防治策略[J]. 西北园艺(蔬菜)(6):37-38.

庄云飞, 欧承刚, 赵志伟. 2008. 胡萝卜育种回顾及展望[J]. 中国蔬菜(3):41-44.

Benedict W G. 1999. Effect of soil temperature on the pathology of *Alternaria radicina* on carrots[J]. Canadian Journal of Botany, 2011, 55(10):1410-1418.

Chen T W, Wu W S. Biological control of carrot black rot[J]. Journal of Phytopathology, 147(2):99-104.

Coles R B, Wicks T J. 2003. The incidence of *Alternaria radicina* on carrot seeds, seedlings and roots in South Australia[J]. Australasian Plant Pathology, 23(1):99-104.

Eckhard K, Annegret S, Dietrich S, et al. 2010. Evaluation of non-chemical seed treatment methods for the control of *Alternaria dauci* and *A. radicina* on carrot seeds[J]. European Journal of Plant Pathology, 127(1):99-112.

Ewa G, Maria K, Alicja M P, et al. 2013. Response of carrot protoplasts and protoplast-derived aggregates to selection using a fungal culture filtrate of *Alternaria radicina*[J]. Plant Cell Tiss Organ Cult, 115(2):209-222.

Fitzpatrick H M. 1923. Generic concepts in the Pythiaceae and Blastocladiaceae[J]. Mycologia, 15(4):166-173.

Groves J W, Skolko A J. 1944. Notes on seed-borne fungi II. *Alternaria*[J]. Canadian Journal of Research, 22(5):217-234.

Hong S G, Cramer R A, Lawrence C B, et al. 2005. Altal allergen homologs from *Alternaria* and related taxa: analysis of phylogenetic content and secondary structure[J].Fungal Genetics and Biology, 42(2):119-129.

Lindrea J. Latham, Roger A.C. Jones. 2004. Carrot virus Y: symptoms, losses, incidence, epidemiology and control[J]. Virus Research, 100(1):89-99.

Moreau M, Feuilloley M G, Veron W, et al. 2007. Gliding arc discharge in the potato pathogen *Erwinia carotovora subsp. atroseptica*: mechanism of lethal action and effect on membrane-associated molecules[J]. Applied and Environmental Microbiology, 73(18): 5904-5910.

Meier F C, Drechsler C, Eddy E D. 1922. Black rot of carrots caused by *Alternaria radicinan* sp.[J]. Phytopathology(12):157-167.

Michael J Butler, Richard B Gardiner, Alan W. Day. 2009. Melanin synthesis by *Sclerotinia sclerotiorum*[J]. Mycologia, 101(3):296-304.

Neergaard P. 1945. Danish species of *Alternaria* and *Stemphylium*[M]. London: Oxford University Press.

Park M S, Romanoski C E, Pryor B M. 2008. A re-examination of the phylogenetic relationship between the causal agents of carrot black rot, *Alternaria radicina* and *A. carotiincultae*[J]. Mycologia, 100(3):511-527.

Persoon C H. 1794. Dispositio methodica fungorum[J]. Neues Magazin für die Botanik(1): 81 -128

Pryor B M, Davis R M, Gilbertson R L. 2000. A toothpick inoculation method for evaluating carrot cultivars for resistance to *Alternari aradicina*[J]. HortScience, 35(6):1099-1102.

Pryor B M, Davis R M, Gilbertson R L. 1998. Detection of soilborne *Alternaria radicina* and its occurrence in California carrot fields[J]. Plant Disease, 82(8):891-895.

Pryor B M, Gilbertson R L. 2001. A PCR-based assay for detection of *Alternaria radicina* on carrotseed[J]. Plant Disease, 85(1):18-23.

Pryor B M, Gilbertson R L. 2002. Reletionship and taxonomic status of *Alternaria radicina*, *A. carotiinclatae* and *A. petroselini* based on morphological, biochemical and molecular characteristics[J]. Mycologia, 94(1):49–61.

R G Roberts, S T Reymond, B Anderson. 2000. RAPD fragment pattern analysis and morphological segregation of small-spored *Alternaria* species and species group[J]. Mycological Research, 104(2):151-160.

Saccardo P A. 1911. Notae mycologicae. Series XIII [J]. Annales Mycologici, 9(3):249-257.

Saude C, Hausbeck M K. 2006. First report of black rot of carrots caused by *Alternaria radicinain* Michigan[J]. Plant Disease, 90(5):684.

Scott D J, Wenham H T. 1972. Occurrence of two seed-borne pathogens, *Alternaria radicina* and *Alternaria dauci* on imported carrot seed in New Zealand[J]. New Zealand Journal Agriculture Research(16):247-250.

Solfrizzo M, Girolamo A D, Vitti C, et al. 2005. Toxigenic profile of *Alternaria alternata* and *Alternaria radicina* occurring on umbelliferous plants[J]. Food Addit Contam, 22 (4):302-308.

Solfrizzo M, Vitti C, De Girolamo A, et al. 2004. Radicinols and radicinin phytotoxins produced by *Alternaria radicina* on carrots[J]. Journal of Agricultural and Food Chemistry, 52 (11):3655-3660.

Soteros J J. 1979. Detection of *Alternaria radicina* and *A. dauci* from imported carrot seed in New Zealand[J]. New Zealand Journal Agriculture Research, 22(1):185-190.

Strandberg J O. 2002. A selective medium for the detection of *Alternaria dauci* and *Alternaria radicina*[J]. Phytoparasitica, 30(3):269-284.

Szczeponek A, Laszczak P, Wesolowska M, et al. 2006. Carrot infection by *Alternaria radicina* in field conditions and results of laboratory tests[J]. Communication in agricutural and applied biological sciences, 71 (3):1125-1132.

Vuillemin P. 1902. Recherches sur les Mucorinéers saccharifiantes (Amylomyces) [J]. Revue Mycologique Toulouse(24):45-60.

图书在版编目（CIP）数据

胡萝卜病虫草害鉴别及防治/赵晓军主编. —北京：
中国农业出版社，2015.6（2016.1重印）
ISBN 978-7-109-20648-9

Ⅰ．①胡… Ⅱ．①赵… Ⅲ．①胡萝卜-病虫害防治②
胡萝卜-除草 Ⅳ．①S436.31②S451.24

中国版本图书馆CIP数据核字（2015）第156038号

中国农业出版社出版
（北京市朝阳区麦子店街18号楼）
（邮政编码 100125）
责任编辑 郭晨茜 张洪光

北京通州皇家印刷厂印刷 新华书店北京发行所发行
2015年11月第1版 2016年1月北京第2次印刷

开本：880mm×1230mm 1/32 印张：3.75
字数：120千字
定价：18.00 元
（凡本版图书出现印刷、装订错误，请向出版社发行部调换）